空間最佳化！家的質感整理

당신의 인생을 정리해드립니다

目錄

Part 2 吻合日常，才能展現風格
——以生活為優先的家具擺設與物品收納

Part 3 從雜亂失序，到煥然一新——8個具有啟發性的「改造式整理」案例故事

Part 4 動手打造「住起來優雅舒適的家」——營造質感居家的具體步驟與整理要訣

Life

作者序

你現在住的「家」，能夠讓你感到舒服嗎？

近來，隨著待在家的時間變長，過去用來吃飯、睡覺、洗澡的「家」，現在則變得多功能；它可以是學校、辦公室，也可以是電影院和餐館。因為電影在家看，餐廳美食外送到家吃，學校的課程在家裡上，公司的工作也在家裡做。以前只要待在家就覺得無聊，但現在被迫不能出門，很多人只能盡量想辦法自救，找些新的嗜好來做，例如園藝、料理、健身等——人類果然是善於適應環境的動物，不知不覺中，就適應了宅在家的生活。

你的家是麼樣子？你在家的時候覺得舒適嗎？我想，應該有很多人會覺得無論自己再怎麼努力打掃，家裡還是雜亂無章，對每個角落都不滿意，但也搞不清楚到底是哪裡出了問題，有時「真想把那個東西丟了」，有時又覺得「再買個這樣的東西回來掛，應該很不錯！」尤其是待在家裡的時間愈長，就變得愈在意。

最棒的家不是「樣品屋」，而是貼近個人風格、使用起來便利的生活空間

究竟「舒適的空間」是怎樣的呢？首先，會希望很寬敞、明亮吧！同時，也會希望乾淨到一塵不染，並且採用時髦的家具、壁紙、地板材料來裝潢布置，就像雜誌上的漂亮居家照片，或是樣品屋、家具賣場的展售間那樣，完全沒有任何雜物……很不切實際吧？是的，沒錯。因為長時間下來，待在那樣的空間，其實不不會讓人真的覺得身心舒暢。

身為空間設計師的我，想法比較實際。我認為所謂最好的空間，就是「以

人為先、貼近個人生活風格、使用起來最便利」的空間。因為世界上的家庭形形色色，並無法一味複製雜誌或樣品屋的樣貌，而且也沒有必要。舉例來說，沙發與白色大理石地板的組合很華美，但若平常就愛席地而坐、享受和式泡茶空間的氛圍，那麼，與其勉強仿效，還不如選擇使用符合自己的柔軟坐墊與茶几來得更實在。

我的工作被稱為「空間設計」、「空間諮詢」，而這個工作的重點，就是從「了解空間使用者的生活」開始。例如：總是晚歸的爸爸、一大清早就起床的媽媽、喜歡玩積木的幼兒園生老么、喜歡宅在自己房間的高中生兒子，還有小狗和貓咪等，我會觀察他們的日常起居，舉凡幾點出門、幾點回家、每位成員在家中所進行的最長時間活動、與家人一起進行的活動、是否常在家做飯、是否喜歡一起看電視、心中最珍視的回憶……等等，鉅細靡遺的詳加了解。甚至，常常在過程中遇到難以解決的問題時，我也會從空間使用者的生活習慣去找答案。

「人」是空間的主角，能與家人一起住的地方才叫做「家」

很多人問我，為什麼會選擇這樣的工作？是抱有什麼志向嗎？在工作中又得到什麼樣的成就感？在回答之前，我想先簡單介紹一下自己；雖然有點難堪，但我還是要說明一下家裡的背景情況。在我高中時期，韓國面臨亞洲金融風暴，也因為父親的事業急速下滑，家中經濟一落千丈，所以家人們被迫四分五裂，我也不得不放棄原本心儀的美術夢想，並且為了盡快就職，選擇去讀有幼兒教育科系的專科學校。在二十歲上下那段求學時期，我隻身在外地，就連放假時也必須要去打工，一個人獨自努力生活，感覺非常辛苦。然而不只是我，包括我的父母、妹妹也全都分開，那種與家人離散的痛苦，簡直讓我們都快撐不下去。於是有一天，我母親做出了決定：「即使是月租套房也好，我們全家還是一起住吧！」

就這樣，經過一番波折之後，攢了一些錢、租了一間小套房，我們一家四口總算回到可以一起生活的日子。雖然已是成人的我跟妹妹只能跟父母擠在同一個房間，但歷盡滄桑才聚在一起的我們還是覺得非常幸福。「啊，果然一家人就是要住在一起才算一家人呀！」當時的我猛然有了深刻的體悟，原來僅僅只是「住在一起」，但對我們來說卻是莫大的安慰與鼓舞。而這也是我第一次實際感受到：有家人同住的「家」能為人帶來多大的幸福。

這樣過了一段時間之後，從學校畢業的我開始了職場生涯，並在戀愛五年後步入婚姻。我與丈夫從交往時就固定存錢，後來也用那筆錢租了房子、開始我們的新婚生活。所以，雖然房子是租的，但我還是非常感動，覺得第一次擁有了「自己的家」，而不再是住在父母的家裡。也因為想把自己的家打理得乾淨整潔、裝飾得美觀大方，於是我一步步開始學習如何整理、收納、裝潢，並實際動手應用，包括試著買回喜歡的布、用縫紉機製作窗簾來掛，甚至還改造流理台、重新粉刷，也因為種種成果都還挺不賴，所以也讓我意識到原來自己在這方面很有天賦，並充滿熱情。

一開始，我只是把整理布置房子當成興趣；後來成了二寶媽再加上職業婦女的身分儘管讓我忙碌不已，卻依然樂此不疲，並且很喜歡把自己的裝潢創意、各種整理與收納的方法傳授給身邊親友，結果不知不覺開始有些口碑，甚至大家還紛紛鼓勵我創業。

只是，原本一直學以致用、專注在幼兒教育已超過十五年的我當時都快四十歲了，突然要面對「創業」這個想法，其實根本沒有勇氣或自信，因為要拋棄過去資歷、完全投入到一門新領域，這談何容易？然而，經過一番思考，當我捫心自問：「妳到底比較喜歡什麼？究竟做什麼能讓妳更快樂？」卻發現答案只有一個時，我決定做出選擇，並且讓「空間設計師」成為了我的第二個職業。

別讓不舒服的環境，斷送「當下」就能享受的幸福

從事這份工作之後，我感到愈來愈有趣，甚至覺得「工作竟然可以這麼快樂！」也正因為始終抱持著「不論原本空間是大是小，都希望委託人在接受我的協助之後，能在煥然一新的環境裡變得更幸福」的念頭，所以我的野心也愈來愈大，並且藉由不斷進修，期待自己能在工作表現上更加出色。

究竟是什麼帶給我這樣的動力呢？我想，那是因為我深信：整理空間就像整理人生。因為空間改變，心情就會改變；心情改變，每天的生活也會跟著變。而倘若每天都能有所改變，那麼人生終究也會轉變——在我親眼見證許多人的生命確實跟著空間改變而發生轉變之後，這個工作怎麼可能不有趣？

對過往的眷戀以及對未來的擔憂，並不只存在於我們的腦海。腦子裡很亂的人，家裡也會很亂。相反的，也有可能是因為家裡很亂，所以腦子跟著亂。

總之，如果仔細觀察一下讓家裡變得混亂的原因，就會發現大都是因為對過去的執著和眷戀，或是對未來的擔憂和不安，所以才會讓家裡堆積著某些物品。而那些明明就不會用到、卻買回來囤積的東西，還有那些早就該送走的東西，其實都在斷送我們「現在這瞬間」的幸福。也因此，只要願意改變空間，就有可能改變某人的人生。而我的工作，就是在協助大家整理人生。

曾經，有一對醫師夫婦委託我改造他們的房子。前去拜訪後，我發現這對夫妻非常忙碌，完全沒有時間去照料房子。而在整理的過程中，我發現房門後藏著一幅非常棒的畫，但卻根本沒有人知道。甚至，他們的兒子在看見那幅畫之後還大吃一驚說：「哇！這是我們家的嗎？」而那個房子在經過改造式的整理之後變得全然不一樣，醫師夫妻也由衷表示：「謝謝妳拯救了這個本來快死的空間！」許多年過去，每當有人問我為何會從事這份工作，我就會想到這件事帶給我的啟發：醫生救的是人命，而我們救的是空間。

現在，就為「活出自己」改變家的樣子吧！

事實上，有很多人在使用住家空間時都是不便的，儘管如此，卻似乎對這個「不便」無感，就只是一味讓自己的生活去配合那個空間。這當然有可能是因為大部分的房子構造都很類似，但其實最主要原因是出在「我們無法擺脫既定觀念」。例如：客廳要有電視和沙發、餐廳要有餐桌椅、臥室要有床……。如果能放下這些想法，就有更多問題可以迎刃而解。而關於這類問題，我會在本書接下來的單元中陸續說明，幫助大家找出「居家空間最佳化」的整理方式。

你不妨先問問自己，是否常有「好想回家」的念頭？我認為「家」應該是讓人任何時候都想去的地方，是一個可以讓身心休息的歸處，也因此，必須要以「生活在其中的人」為主要考慮對象。不管是購置新的物品、丟掉原有的東西、更動家具的擺設、更換地板或壁紙，一切都要「適合使用的人」才對。若是盲從別人的標準或社會既定觀念來設計空間，絕對無法讓人感到舒適。也因此，千萬不要為了空間來改變自己，而是要為了自己來改變空間。只要抱著這樣的態度，即使看來細小瑣碎，卻會產生意想不到的變化——現在，就讓我開始介紹這個「小小變化，卻能徹底重整人生」的奇蹟吧！

Part 1

家，是為了「人」而存在

從居住者出發的空間規劃與使用設計

Life

想要擁有「讓人想要一直待下去的家」，第一件事就是「清空」

「家」應該是比世界上任何處所都更舒適的地方。所以，不適合的空間、不適合的物品都不要勉強，因為如果在這樣的環境生活久了，身心都會生病。

尤其，在疫情蔓延的年代，「住家」已經不是單純吃飯、睡覺、洗澡的空間，也不是為了要展示給別人看的地方。對於自己和家人來說，它應該是最舒適、讓人想要久待，並且承載著「幸福生活」的所在。而為了打造出這樣的空間，我們究竟該從哪裡下手呢？

隨著在家中的時間變長，很多人都驚訝地發現：「家裡該丟的東西怎麼會這麼多？」也有很多人這時才發現，原來家裡囤積著一些自己根本就不記得的東西。也因此，不管是改造空間還是整理收納，如果想要營造讓人想要一直待下去的空間，第一件事就是「清空」——因為必須清理出所有不必要的東西，才能獲取一定的空間。

留著許多需要清理的物品，是因為對過去有太多眷戀，對未來又充滿不安

不論是和家人同住還是一人獨居，我們都置身於「現在」。也就是說，生活在這空間中的我是「現在的我」，不是過去的我，也不是未來的我。然而，「這個地方」卻正嚴重妨礙「現在的我」的幸福，常常只塞滿了過去與未來——這是什麼意思呢？

我曾看過不少充滿雜物的住家，所以很能理解屋主腦中和心中的狀態。大

體來說，對於未來抱持許多不安與擔憂的人，容易囤積過多東西，根本不管以後會不會用到；相反的，對於過去抱持太多眷戀的人，則經常會把回憶、後悔與執著都反映在家裡凌亂的雜物上。

由於執著於過去或對未來的不安所堆積的物品會囚禁我們的生活，所以，被這些包袱困住的人無法完全享受現在的幸福，也無法過得充實，不管住在多貴的房子裡都難以滿足。也因此，為了能「愛上自己的空間」，就必須從「清空」開始。

其實你不是不想清理，而是不知道該如何果斷、不後悔的去把東西清掉

新冠疫情迫使愈來愈多人在家工作，我這兩年也接到特別多「家庭辦公室（Home Office）」的委託，所以我就以此為例，來說明居家辦公時在空間設計

上的幾個重點。

如果家裡本來就有「不用的房間」也就不必煩惱，但是一般家庭突然要清出一間空房來當做辦公室其實不太可能。即使想要把小孩房改成爸媽的辦公室，但原本放在裡面的一大堆物品（家具、玩具、衣服、書籍等）又要放在哪裡呢？所以想歸想，做起來其實並不容易。

家裡的物品都是息息相關的。儘管針對眼前的東西可以大致清理乾淨，然後空出一塊地方來工作，但是這種一次性的整理持續不了多久就會恢復原樣。所以，為了打造出「既實用又能持續下去」的居家辦公空間，就必須先瞭解整個房子的結構；因為只要畫出結構圖，就能一眼看出可以運用的空間在哪裡。而除了家庭辦公室，其他情況也一樣，包括居家健身房、家庭室內庭園等，因為一個家的所有東西都互相牽連，所以要改造某個空間或變更特定用途時，整個房子都要一併重新考慮才行，而且在過程中，「清空」會是必須動作，而非一種選擇。

說到這裡，相信大家都能充分理解。也許有人會反問：「誰是因為『不知道』才不清理的？」但令人驚訝的是，事實上有非常多的人「丟不了東西」，而且總有各式各樣的理由。究竟該怎樣才能果斷、不後悔的把東西清理掉呢？下面我就要來告訴大家一個祕訣，而且這也是我的眾多委託人都認為大有成效的方法。

這個方法就是：先把雜物全都拿出來，然後親眼確認那個空間所能做出的「最好狀態」。不過，拿出雜物也是有訣竅的，重點就在於「先分門別類、把東西全都聚集在一處」。例如家裡有很多書，就要把散置在每個房間的書都清出來放在一起；如果有很多衣服，就要把分散在衣櫃、壁櫥、抽屜裡的衣服都拿出來集中擺放。只要這樣做，就會被眼前的景象衝擊，猛然驚覺：「天啊！怎麼會有這麼多（書本、衣服、碗盤、玩具）！」並且產生「什麼該清掉、什麼該留下」的念頭，再也不想回到原狀——至少我目前還沒遇過這種人。

因為一旦清出東西之後，原本令人窒息的空間就會變得寬敞，而當大家親眼目睹這樣的變化，自然不會想再回到從前，也就更能果敢、不後悔的把東西清掉——因為已經意識到什麼能讓現在的自己感到幸福。

清理之後才能換來空間，並且用你喜歡的東西打造出屬於你的樣子

清理空間之後，就要開始思考「該放入什麼東西」。有段時間「極簡主義」盛行，所以出現不少「家裡有三個人就只留三支湯匙、三個杯子」或是「兩年沒穿的衣服就丟掉」……之類的建議。關於這類的整理法，如果你很喜歡就可行，因為無論極簡主義還是極繁主義，只要適合自己的取向就好。不過，與其盲從某些建議，不如先思考「能讓自己最舒服、最適合自己（或家人）的空間是怎樣的」，然後再來做。

這裡要思考的不是收納方法，而是「喜歡的東西」該怎麼擺放的問題。因為如果希望打造出讓自己想一直待下去的家，就要把喜歡的物品放在顯眼的位

置；而這樣一來，就必須先瞭解自己喜歡什麼。但令人意外的是，有很多人都不清楚自己的喜好——包括急欲整修舊屋的主婦、一心想要改造父母老家的子女，儘管大家常常一心想要重整居家空間，但其實都回答不出自己或家人究竟喜歡什麼。

不久前，我為一位擁有大量書籍和紅酒的客戶改造居家。他和大部分人一樣，把書本放在各個房間、把紅酒放在廚房。但是因為種類繁雜、數量又多，加上還跟其他東西混置，所以看起來只能說是「隨便放著」。

為了顯現藏書與藏酒的空間氛圍，我首先把這個家裡的所有書本都搬到客廳，然後將各房間裡無法發揮功能的書櫃和桌子也移到客廳，劃出一塊可以閱讀書的空間，並將桌子放到中間、書櫃靠牆，讓客廳搖身一變成為一個大書房。同時，也將用不到的家具加以改造成紅酒櫃，並且放滿紅酒、加以展示出來。而這位客戶在環顧改造後的房子之後，凝視著眼前的「新家」久久不發一語，最後，才對我說出這樣一句話：

「我應該會有好一陣子都不出門了，因為，我好想一直待在家裡！」

我想告訴大家的是：喜歡的東西就應該擺放在家裡最大或最喜歡的空間裡，這樣就會喜歡上這個房子。因為並沒有人規定什麼東西一定要放在什麼空間，所以，當你打破既定觀念的那瞬間，你家就會變成你想要一直待下去的地方。

再分享另一個重要的觀念，那就是：最常使用、要待最久的空間，最好能賦予它最核心的功能。舉例來說，有小孩的家，通常爸媽跟小孩共處一室的時間很長。就算原先設定小孩玩耍的地方和父母工作的空間是分開的，但終究孩子還是會把玩具全都拿到爸媽身邊攤開來玩。也因此，如果小孩主要在客廳玩，那大人不妨在客廳放張桌子來做事，這樣一來也就可以兼顧一邊工作、一邊與孩子共處的需求。

下頁的照片就是一個範例。我把原本設置在客廳旁的雜物間改成工作空間，這樣屋主不但看顧小孩方便，也可以安心工作。

把房內的工作桌搬到客廳，就能邊看小孩邊工作，並且提高使用率。

Before

After

把沙發移到用餐區，與開放式廚房連成一氣，形成另一個可以讓家人聚集的空間。

我所認為的「住家價值」很簡單，其實就是「要讓現在的我感到舒適」。也因此，「清掉對過去的執著及對未來的擔憂」這件事極為重要。也正因為「在家就是要跟所愛的人、所喜歡的東西待在一起」，所以，必須先清楚自己是怎樣的人、家人是怎樣的人才行。

一味去模仿別人家的房子，其實並不能讓你家變成自己覺得舒服的空間。因為就算看起來再漂亮，但使用起來的感受和伴隨的效能都不一樣，而這一切都跟空間居住者的日常習慣、生活方式和人生觀息息相關。

你喜歡什麼？與你同住的家人、甚至是寵物又喜歡什麼？唯有觀察出共同生活者的喜好，才是改造空間的第一步。千萬不要無謂追隨所謂的原則和規範，請試著去找出自己與家人感覺最舒服、最自然的方式，好讓每個人都能在這裡放鬆充電，這才樣才能真正讓「家」成為人生停泊的港灣。

Life

所謂的「空間規劃」，最要緊的是先思考「每個空間的最重要功能」

我在規劃空間時，首先思考的是「賦予空間功能」，意思就是決定每個空間最重要的作用，然後才去配置適合的家具和物品。因為一旦決定了空間的功能，家具自然而然就會找到該有的角色，變得更加有用。例如放在客廳用不著的東西，或許搬到小孩房裡就能發揮用處。

但是，賦予空間功能也有時機，並不是任何時候都適合。像是從單身獨居到結婚成家、從新婚夫妻到家有新生兒、從上班族到要離職退休、從孩子長大離家到空巢期來臨……，諸如此類當人生產生重大變化的時候，由於家庭成員及生活模式改變，所以就該重新考慮調整生活空間、修正空間功能來配合變化後的生活，或是賦予合適的新風格。舉例來說，新婚夫妻的家通常都很簡約，但在生了小孩之後，家具和物品不斷增加，整個家也逐漸變得雜亂無章，就會很想要重新裝潢。但這時只靠裝潢並不能完全解決問題，因為第一要務是該「賦予空間應有功能」。

別掉入「多用途空間」陷阱！賦予空間不同功能、集中放置同類物件，居家自然清爽

事實上，廚房只放廚房用品、臥室只放床和寢具、更衣室只放衣服當然最好，但是大家並不是不懂或不想才不這樣做，而是往往在不知不覺中，臥室裡的衣服就越堆越多，客廳裡到處散落小孩玩具，甚至有些人家裡明明放著好好的床不睡、卻習慣全家人都睡在客廳地板上……。為什麼空間的功能和風格會消失無蹤、變得亂七八糟呢？難道都是因為小孩弄亂、或是大人不懂怎麼整理嗎？事出必有因，就讓我以「有小孩的家庭」為例子來說明。

當孩子還小的時候，很多人的家基本上就會變得好像親子餐廳——客廳裡鋪著地墊、上面都是玩具，主臥室裡也塞進嬰兒床和懸吊玩具，就連嬰兒房也都放滿了還用不到的物品。儘管有了小孩之後，想把家布置得像親子餐廳那樣沒有什麼不對，但重點是「不能把『整個家』全都變成親子餐廳」，因為一旦從玄關到陽台裡裡外外都是「小孩專用」，那麼，爸媽要在哪裡休息呢？

所以，只要指定空間，然後再把這個空間打造成孩子最喜歡的地方就行；不論是一個房間或是一個角落，可以事先訂好規則，讓孩子盡情在那裡玩玩具，玩過之後再收拾乾淨就好。

針對紀稍微大一點的孩童，則可以把遊戲房改成書房，然後把散在家裡各處的書全部集合在一起，這樣要維持和管理就更容易了。

可以把散在家裡各處的書櫃和書本全部集合在一起，布置得像圖書館一樣。

Before

After

Before

After

如果家有閣樓或是地下室之類的空間，也可以布置成童書室，孩子會非常喜歡。

如果房子比較寬敞，不妨單獨布置一個空間來擺放自己嗜好或心愛的物品，像是收納衣服鞋子的衣帽間、擺設漂亮餐具的展示間、置放模型或畫作的收藏空間……等等。對於獨居的人來說，大可以在客廳擺滿自己喜歡的東西；但是若與家人同住、客廳必須共用，那就要盡量減少家具和物品，並且採用獨立出一個房間的方式來解決這個問題。

總之，先別急著想家具要怎麼陳設、東西要怎麼整理收納，因為在這之前，更重要的是要讓自己先能回答這些根本問題：我所需要的空間是怎樣的？我的家人需要什麼功能的空間？而現在的空間又具備怎樣的功能？

一旦家中「多用途的空間」太多，該發揮的功能就會消失。所以，請學著開始賦予空間不同的功能，再將合適的家具及物品加以集中放置，這樣，很快你家就能擁有煥然一新的空間囉！

打破既定刻板印象！
每個家庭的生活習慣不同，空間的功能設定當然也不一樣

接下來，就來談談「賦予空間」的具體作法。事實上，每個人、每個家庭劃分空間的標準都不同，但我認為最重要的就是「打破既定觀念」，包括：床要放在臥室、電視和沙發要放在客廳、小孩出生前就該準備嬰兒房……等等。

舉例來說，當家裡只有客廳和一間房的時候，如果爸爸每天很晚下班回家，那就不妨把爸爸的床移到客廳。因為這樣媽媽和小孩在臥室睡覺，晚歸的爸爸就不用擔心吵醒小孩，可以安心的洗澡、看電視，稍微放鬆一下再就寢。也許有人會質疑怎麼可以把床放在客廳，但是，我在許多家有嬰幼兒的委託人家裡這樣做之後，爸爸們的滿意度都是最高的。

如果家裡有兩個以上的房間，在小孩出生後，大部分家庭都會把其中一間布置成嬰兒房，但實際狀況卻是很多小孩到上小學前都還是跟爸媽一起睡。所

以，算起來至少有五、六年的時間，晚歸的男主人都會睡得很不舒服；就算購買大型的家庭床，但是對於爸爸們來說還是很不方便，也因此，最後經常出現的結果就是爸爸通常都會變成睡在嬰兒房的那個人——究竟要怎麼讓睡在臥室裡的讓媽媽和小孩不被打擾、而辛苦加班回到家中的爸爸也能舒服的放鬆休息？由於「睡眠」是佔據我們在家時間最長的活動，也因此，更應該打破既定觀念來「賦予空間新功能」，以便幫助全家人都能擁有安穩的睡眠。

另外，很多新手爸媽在生第一個孩子的時候都會提早布置嬰兒房，不但特別貼上卡通壁紙、精心選購有床幔的公主床，甚至還把上學才會用到的書桌、書架……都買好了。但是，往往因為過早準備，所以後來就會發現根本用不到。也因此，在有了這種「試錯」的經驗後，生第二個孩子時就不會再那麼做了。

請牢記：空間和家具絕對可以在你需要時，再配合所需用途進行更換。也因此，幾年後的事情，就等幾年之後再來煩惱。當小孩真的需要私人空間的時候，才該是為他布置的最佳時機，而且，誰又能預測屆時孩子是不是還會喜歡公主床和卡通壁紙呢？

配合家庭成員來做考量！空間功能要符合實際需求，再放進適合的家具與物品

關於廚房，又該如何思考功能性？事實上，生活一旦轉變，廚房的功能也會跟著變。大部分的人都認為餐桌一定要放在靠近廚房的用餐區。但真的必須這樣嗎？我認為並非如此。

最近新建的住宅大樓，廚房有逐漸縮小的趨勢，這是因為家庭成員變少、家人一起用餐的次數也明顯減少的關係。我回想起自己家，也是這樣；小時候，我和家人都會一起吃早餐和晚餐，但現在卻是各吃各的，因為幾乎每個人都按照自己的行程來決定吃飯的時間和地點，不但外食次數變得頻繁，就算在家裡叫外送，通常也都是在客廳吃，而不是在餐桌上。也因此，如果你還是買了一張夢寐以求的餐桌，那麼，最好的利用方法就是把它放在最常用餐的空間，不管是客廳、工作間，還是書房都好。因為反正把餐桌放在靠近廚房的餐廳也發揮不了作用，所以最後就會演變成「上面堆滿各種雜物」的結果。

多年經驗告訴我：唯有有放在最常使用的地方，家具才能發揮它應有的功能。而同樣的道理，「把家裡最好的空間拿來放置家人共同使用的家具」，也是一個非常重要的觀念。例如，可以把沙發或餐桌放在露台或是具有景觀視野的地方。

說到這裡，我們對於沙發的既定觀念也需要打破。過去我們都很習慣把沙放在客廳，另一邊則掛放電視，因為樣品屋都這樣擺，所以大家也都覺得這樣才正常。但現在大家比較常看電視還是 YouTube 呢？儘管長輩們現在還是比較習慣全家人一起坐在客廳看電視，但是孩子們其實都更習慣待在自己房間裡看自己想看的 YouTube 或 Netflix。

所以，大膽撤掉沙發，在客廳中間放上一張咖啡廳那種漂亮的大桌子，也是一個不錯的選擇。因為喜歡音樂的人可以在沙發的位置改放一組好音響，常看書的人則可以改放書櫃。至於如果家裡有人喜歡「和沙發融為一體」（通常是爸爸），那麼就可以在房間幫他擺設小沙發和電視。意思就是，在原本沙發所占的空間或因沙發而阻斷的空間裡，可以放置全家人共同使用的家具。

當然，如果家人都喜歡看也常看電視，那確實是要在客廳放置電視和沙發。因為我並不是要大家特立獨行、做出別人不做的特別嘗試。只是想強調：空間是可以隨時任意轉變的，重點在於要能配合家庭成員的生活。

如果有人一大清早就要上班，那麼就要為他規劃動線，讓他在早晨時可以安心準備出門，不用擔心吵到家人。同樣的，如果有人總是晚歸，也要讓他在回家後能放鬆休息。另外，針對擔任全職家庭主婦的媽媽，當然也應該為她準備一個個人空間，讓她能在想要獨處休息時可以不受干擾。

此外，依照房間使用者的喜好來選用壁紙、地板、家具材質也很重要。因為這已經不是「女孩一律用粉紅色、男孩一律用藍色」的年代。所以，在後續的單元裡，我會更加仔細說明如何依照家中成員偏好來進行空間配置與整理布置的具體作法。

空間規劃的確認清單

- □ 一起生活的家庭成員有幾人？
- □ 夫妻是否都在工作？
- □ 家庭成員各是幾歲？性別為何？
- □ 通常幾點出門、幾點回家？
- □ 週末做什麼活動？
- □ 一天用餐幾次？在哪裡用餐？
- □ 是否有近期會離家或增加的家庭成員？
- □ 如果有孩子，個性如何？是內向或外向？
- □ 如果有家庭成員特別敏感，是什麼原因？需要為他準備私人空間嗎？
- □ 有人一大清早上班、上學嗎？
- □ 媽媽的休息時間在何時？
- □ 興趣嗜好為何？
- □ 想要的生活風格為何？

Life

不想讓整個家看起來像「雜物間」，千萬別讓空間失去合適的功能

很多人家裡都有一個被稱為「雜物間」的房間，卻並非打從一開始就被設計成用來堆放雜物，但是為什麼會成這樣？只要稍加了解，就會發覺大部分都是因為當初「空間被賦予不合適功能」的緣故。因為一個房子裡，如果每個空間都各司其職、具有各自可以發揮的功能，那就沒問題。但是只要有空間被賦予不合適的功能，哪怕只有一間，也會連帶影響到其他空間，繼而失去應有的功能。接下來，就讓我們來探討這類情況。

隨著使用者的成長與生活型態改變，空間的功能與所放置的物品也要跟著變

最近有個新名詞叫做「alpha room」，是指住宅大樓平面設計圖上主要格局之外的畸零空間，過去常被用來規劃成儲物間，但近期的做法則是會視業主需求而加以設計成書房、遊戲房、臥室等。這類空間只要經過靈活運用就可以大大提高使用率，只是大部分家庭都沒有善加利用。例如家裡明明有大量衣服，卻把 alpha room 做成像咖啡館；或是家中明明有很多書，卻把 alpha room 做成居家健身房；甚至把它拿來單純囤放雜物、當成像是倉庫一樣的地方。

我在釜山就有一個這樣的案子。業主家五十坪大的住宅，因為有小孩，所以把靠走道的房間做成了「遊戲房」，但又因為小孩太小，總是跟在媽媽身邊，所以裝潢好的遊戲房就只能放置不用。換句話說，雖然這個空間被賦予遊戲房的功能，實際上卻變成無法利用的儲藏室。

正當尋思著該怎麼改造這個房子的時候，我突然發現客廳的問題點。那就是小孩一整天都只待在客廳，所以客廳經常一團亂。再加上與廚房、客廳相鄰的 alpha room 被當成存放衣服的空間，而且三面都是玻璃、裡面的情況一目了然，所以不管再怎麼整理，還是顯得凌亂。

最後，考慮到動線，並且觀察到業主夫妻活動的主要空間是廚房和客廳之後，我決定將 alpha room 改成小孩的遊戲房。如此一來，因為牆面是透明玻璃，所以做父母的可以隨時看到孩子遊戲的狀況。同時，我把散落在家中各處的玩具、書本、玩偶都移到 alpha room，客廳就變得整齊乾淨。至於本來就被賦予遊戲房功能的 alpha room，裡面不管東西怎麼放，都不會覺得尷尬或亂七八糟，因為它發揮了應有的功能，也讓玩具和嬰兒用品都變得容易收納整理。這位業主太太是一名大學教授，在房子改造之後，特別告訴我，她現在可以在廚房餐桌一邊工作、一邊看著孩子遊戲，覺得十分滿意。

那麼，原本的「遊戲房」又變成怎樣的空間呢？我把先前放在 alpha room 裡的衣服都移過去，把它改造成一間更衣室。也因為它比 alpha room 空間大，所以可以像服飾店一樣把衣物收納得整整齊齊，再加上它位於走道邊、是連接玄關的房間，所以很方便在外出前挑選衣服，並且進行儀容檢視之後再出門。也正因為動線銜接得宜，這個房子在經過改造之後，所有空間都被賦予了合適的功能。

此外，我還想特別強調一點，那就是：小孩上小學之前，alpha room 都可以當成遊戲房使用，不過到高年級以後，就不適合這樣維持。因為此時比起遊戲房，孩子更需要的是自己的房間。所以空間的功能必須隨著使用者的成長和變化來變更，並不是一次決定就完全固定。

也正因為小孩成長到某個階段就會希望擁有自己的空間，所以屆時 alpha room 的用途就要隨之變更，也許是改變成一間小孩房，也許是布置成一間書房，總之，可以視當時家庭成員的生活需求來進行變動，否則，已經不合用的 alpha room 就可能再度淪為無用的雜物間。

Before

基於業主家人的實際生活習慣，所以把囤放衣服和雜物的alpha room 改成小孩的遊戲房。

After

而原本堆在玻璃門前的物品被清空後，不但具開放感，也能清楚看到孩子在裡面玩的情況。

毫無意義的陳列所有東西，只會讓每個房間都淪為倉庫

把原本沒在用的房間專門拿來當成倉庫無妨，但若只是因為習慣不好，讓原本不是倉庫的房間堆積太多雜物，那麼，這個地方最後看起來也會像倉庫。而所謂的「雜物」，就包括：不是立刻需要的東西、用不太到的東西、因為太難看而不想放在外面被看到的東西……。當一個空間被這類東西堆滿，最後整個房間就會失去應有的功能。

很多人都認為房子一定要很大、有多餘的房間才能擁有儲藏室，但其實只要懂得運用與整理，就算房子小，也能設置出良好的儲藏空間。相反的，若是不懂得清理，那麼整個家打從走進客廳看起來就會讓人感覺像是來到大型倉庫，因為放眼望去到處都擺滿了東西，根本不管是不是經常使用，一律都被展示在看得到的地方，當然會讓人感到雜亂無章。

有一次，我去到一對雙薪夫妻的家，他們有一個孩子。六十坪大的住宅只住三個人，我想應該很寬敞，結果沒想到這麼大的房子竟然很雜亂。也許有很多人都會認為「人數少、房子大，整理起來一定很輕鬆」，但事實上並非如此。因為一旦房子大，就容易把東西和家具亂放。而毫無意義的陳列物品，只會形成雜亂的感覺，失去陳列的功能和目的。也因此，改造這類房子的首要之務，就是指定每個房間的功能，並且把大量堆放在客廳的物品加以分類，然後放進適合的房間裡。只要能這麼做，原本像倉庫一樣的客廳就會變得煥然一新，因為光是把孩子瑣碎的雜物和體積龐大的玩具都挪到遊戲房，走進家時的整個氣氛就會不一樣。

總而言之，為了不讓住家淪為倉庫，最重要的就是針對各個空間賦予合適的功能，唯有先這樣做，才有可能避免產生「使用不到的空間」或「雜物堆積如山」的情況。

Before

空間若沒有被賦予合適的功能，往往就會淪為被雜物淹沒的倉庫。

After

平衡思考，讓家中每個成員都有「自己的空間」

每當有搬家的需求時，大家會優先考慮什麼呢？大多數人通常都會評估小孩學校的距離、自己公司的遠近，還有附近有沒有超市、捷運站、或是可以運動散步的公園綠地等。大體來說，也多半都會以家中「婦孺」成員的生活便利性為主，同時，在布置或改造居家空間時，也往往會以孩子及媽媽的需要為優先考量。只是，如果太側重某一方，家裡難免有人就會感到委屈。也因此，如果想要滿足所有家人，就要找到平衡點才行。進一步來說，就是必須確保每個家庭成員都有適當的私人空間。講到這裡，不知道大家有沒有發現，為什麼家裡通常沒有一個地方可以稱為「爸爸的空間」？

別因為「育兒」而忽略自己！
下班回家後的你也需要一個可以好好休息的地方

我們可以大致找出兩個理由：第一，家裡用不到的東西太多，導致家人可以實際使用的空間狹窄；第二，家裡的空間過度以小孩為主，所以就算是大學教授的家，父母的書也只是集中放置在某個角落，小孩的書則散亂在全家各處，就更不用說是玩具了。甚至，連冰箱中塞得滿滿的東西，也都是為了孩子要吃而準備的食物。

當然，在小孩還很小的時期，夫妻都得要專注在育兒上。但是這種狀況一直持續下去，任何人都會感到心力交瘁。尤其是在外工作一整天的爸爸，一走進「家」，這整個空間就會帶來巨大壓力，而這個狀況對於也要上班的職業婦女媽媽來說，也是一樣的。特別是當孩子還小的時候，父母要在晚上睡飽真不是件容易的事。

也因此，針對這種情況，我的對策就是「清出一個房間來當成臥室」。意思是夫妻並不一定要同住一間房、同睡一張床。為了讓他們有充足的睡眠，就在那個房間放置一張床，並且彈性運用——如果是雙薪家庭，夫妻倆可以每天輪流使用這間房，以提高睡眠的品質；如果夫妻只有一人在外工作，那就讓這個人睡在這間房。因為維持一個「可以睡飽」的良好狀態，白天工作時就會順利，晚上回家後陪小孩玩的時間也會變長。

大小不重要！從作息與動線設想，讓「爸爸的房間」舒適又實用

那麼，最適合當成「睡眠房」的地方在哪裡呢？我認為就是「離玄關最近的房間」；或者，如果家中有閣樓或地下室，其實也很適合。因為為了避免吵醒已經入睡的家人和小孩，經常工作晚歸的人其實不方便在家裡走動。也因此，距離大門玄關最近的房間就是最好的地點。也許有人會問：「這樣是不是

太虧待爸爸了？」但其實有沒有睡在主臥室並不重要，重要的是睡在哪裡能讓爸爸覺得更放鬆。所以，大家抓到重點了嗎？——賦予空間功能時，不必以位置和大小為標準。因為空間永遠比物品重要，而人又永遠比空間更重要。只要能讓使用者感到舒適，那就表示空間發揮了它的功能。

一旦指定好「爸爸的房間」，下一步就該決定要在裡面放置什麼家具和物品。首先，爸爸的衣服最好可以分出來收納在這個房間。因為儘管通常夫妻的衣物都會集中放在主臥室的衣櫃，但並不是非得這樣不可。而是應該視實際生活的便利性與使用習慣，然後評估「把對的東西放在對的地方」的可行性。

例如，爸爸的衣服之所以要分出來放，是因為在這段時期陪伴小孩更長時間的人的是媽媽，所以如果把媽媽跟小孩的衣服收納在一起，這樣才更方便管理。當然，近來也有很多爸爸在家育兒、媽媽出外工作，如果是這樣的話，就要反過來把媽媽的衣服分出來收納。

而針對所謂「爸爸的房間」，其實只要放置日常生活必須的家具和物品就好，並不需要過多東西。所以，一座可以收納最近常穿衣物、內衣褲和襪子的抽屜櫃，以及一張書桌、一張床就已經很足夠了。特別是孩子還小的時候，我會建議按照這個方式規劃「爸爸的空間」，讓「家」在使用上更具效率，除了避免房間淪為倉庫，還能達到為家人減壓的目的。

孩子越小，身為上班族的父母越需要可以放鬆和休息的空間。

Before

After

就算沒有獨立空間，也可以營造出讓自己有「專屬感」的角落

至於「媽媽的空間」則通常比「爸爸的空間」更難，因為對於全職主婦來說，幾乎家裡所有空間都是她生活中經常使用到的地方，所以「把某個房間改成媽媽的空間」並不是很好的解決辦法。一旦這樣做，以一般家庭的空間大小來說，不但會造成其他家人不便，而且實際上媽媽使用那個房間的機率也可能很低。因此，要用其他方式來達到「為媽媽保留空間」的目標。

只要幾件喜歡的東西，就能讓媽媽也有「屬於自己的空間」

事實上，只憑幾樣東西，媽媽也能創造出自己的世界，並不是非得一整個空間不可。像是買張舒服的椅子，可以放在廚房享受咖啡時光，也可以放在客廳觀看電視節目。只要把椅子放在媽媽覺得最舒適的地方，不管是窗邊、陽台，還是床旁都可以。甚至再配上一張小茶几，上面擺放媽媽喜歡的擴香、盆栽、書本和裝飾品，就能營造出具有個人氛圍的專屬空間。

提到「媽媽的空間」，讓我想起一位委託人。她的先生在國外工作，由她獨自照顧兩個兒子，也因此，長年下來整個家到處都是孩子的東西。只要一進門就，會讓人立刻感受到：「這位太太把所有精力都放在孩子身上了吧！」為了改造這個空間，首先，我將已經不符合孩子年紀的書本丟棄，然後再整理玩具。等到收拾到某個程度，家裡也就變得清爽，但問題依然存在——環顧整個家，我找不到任何一個屬於她的東西，當然，也沒有所謂媽媽的專屬空間。

於是，我在四人座沙發的一邊放了一張茶几，上面擺上這位委託人喜歡的藍芽音響。雖然範圍很小，但能擁有一個自己專屬的空間，就已經讓委託人覺得很開心。她好像終於有一個能透氣的縫隙一樣，感動到不由自主流下淚來，讓我很是心疼。事實上，在忙於育兒的時期，「媽媽的空間」特別重要。若說「爸爸的空間」是為了讓爸爸在外工作後能獲得足夠的放鬆與休息，那麼「媽媽的空間」就是為了讓整天忙於家務的媽媽能夠得到心靈的滋養與喘息。

全職媽媽更需要「獨處的角落」，讓自己對家更有歸屬感

曾經有一位三十歲左右的年輕媽媽來委託我整理居家空間，她說自己有一個三個多月大的孩子，新婚房裡嬰兒用品急速增加，讓她十分煩惱不知道該怎麼辦。我去到她家一看，發現嬰兒用品並不是問題所在，因為那個家的問題同樣是出在「完全沒有媽媽的空間」。因此，我把房間裡的書桌移到客廳的陽

台，並且在桌上放置了幾本她喜歡的育兒書和小說，讓她可以在花開花謝的風景陪伴下，度過自己專屬的閒暇時光。

講到「媽媽的空間」，很少人會有過度的奢求。哪怕很簡樸，只要家裡有一小塊屬於自己的地方，對於媽媽們來說，就已經是莫大的安慰。當然，等到小孩再大一點之後，媽媽的空間也會變大。屆時要將一整個房間都拿來當成媽媽的書房或是進行休閒嗜好活動的地方也無妨。或是，如果媽媽喜歡做料理，也可以讓廚房來個大變身。

當孩子還小時，媽媽不得不承受很大的壓力。而很多做丈夫的常會選購名牌包包、高級珠寶等昂貴的禮物來表達對太太的肯定與謝意。但最好的方法，其實是讓太太在她必須待一整天的空間裡能感到安穩舒適。因為禮物帶來的幸福感只是短暫的，煥然一新的空間和待在其中所能得到的安穩感受才是持久的。而媽媽的穩定，就是全家人情緒安穩和幸福的基石。

Before

After

無論是主臥室旁邊，還是露台一角，都能改造成媽媽的療癒空間。

雜物堆積如山的空間在經過整理之後，就搖身一變成為媽媽可以看看書、喝喝咖啡的專屬空間。

Life

有孩子的家，怎麼可能不凌亂又有風格？

家有小孩的房子是最難整理也最難改造的。不久前我進行的一個案子，正是有三個小孩、而且是三個小男孩的住家，裡面可說是一團混亂。不過這並不奇怪，反而再正常不過。因為要養一個小孩都不容易了，更何況是三個小孩，而且還是三個調皮好動的小男孩！試想：能每天煮飯、打掃、收拾，然後還可以兼顧生活風格的人，你見過幾個？所以，對於這種有家有小孩的屋主來說，千萬不要把目標放在完美規劃空間或整理收納乾淨，而是應該著重於「降低照顧者的疲勞程度」，並且找出「讓小孩能自己動手整理和收拾的方法」。

比起「完美的整理」，更重要的是「決定遊戲空間」

如果你家有小孩，那麼就要告訴自己：「不要太執著於收納！」因為混亂才是理所當然——小孩的天性就是非得把堆好的積木弄倒才肯罷休，小孩的遊戲方式就是不管三七二十一全部都要散開弄亂。所以，與其花大把時間精心整理，不如專注在如何弄出一個「可以讓孩子盡情跑跳玩耍的空間」。

孩子的嬰兒時期主要在客廳度過，但大概在滿三歲之後就會開始需要房間。也因此，在決定「孩子的空間」之後，就要建立一個原則：孩子的東西必須全部放在那個空間才行。並且要求小孩只要遵守這個原則就夠，至於硬要叫孩子把書整齊放回書櫃、把玩具準確放回指定的格子……都是沒有必要的，因為幾乎不可能做到。此外，建立太嚴格的規定去讓孩子遵守，父母相對也會承受巨大的壓力，而且對於幫助孩子養成整理習慣也產生不了什麼實質作用。所以，只要為孩子準備一個限定空間，並且訓練孩子把東西放回那裡就好，因為這這樣就已經能讓他們熟悉整理的基本原理。

有些人擔心若把客廳用來當成給小孩活動的主要空間，將會讓家裡變得亂無章法。但孩子還小的時候，讓他們自己在房間玩其實很難讓人放心，特別是好動的小男生，更容易在父母不注意時發生意外。因此，不妨選擇利用書櫃或遊戲墊隔出一塊專門給孩子使用的遊戲空間，意思就是只限定在這個區塊，而不是整個客廳都讓給小孩。

另外，放在小孩空間的家具，比起花花綠綠的顏色，白色其實更好。因為小孩的東西大部分都很鮮豔繽紛，如果連家具的顏色也很花，那麼不管再怎麼整理也會顯得整體很凌亂。此外，側面開口的書櫃也盡量不要用，因為一不小心，很可能就會有書本或玩具從旁邊掉下來，而且這種書櫃也不太穩固，容易往前傾倒，造成危險。

當小孩長大，終於要讓他擁有自己的房間時，許多父母都會面臨究竟要把哪個房間改成「小孩房」的問題。事實上，離主臥室最近的那間就是最好的選擇，尤其現在獨生的孩子很多，離父母的房間近一點，這樣小孩才不會覺得孤單，也比較願意進自己的房間。

換個角度思考，
請用孩子容易拿取的方式與家具來擺放童書及玩具

除了玩具之外，小孩的書也常讓人頭大。我看過很多家庭都喜歡買套書，甚至有數量超過百本的大全集一放就是整個書櫃。雖然父母覺得很好，但其實這樣擺放反而讓小孩很難親近書本。因為與其把書櫃塞得滿滿的，不如用孩子容易拿取的方式陳列來得更加具有吸引力。

我很推薦採用能將書籍正面陳列的展示型書架。因為全集類書籍的尺寸規格都相同，一旦被插進書櫃就會顯得密密麻麻，小孩根本不會想拿起來看，最後那些書就會變成像裝飾品一樣只是被擺在那裡。至於正面展示型的書架則不同。因為書本封面能被完整露出，所以就可以依照季節變化或是孩子發展階段的需要，來選取適合的書籍擺放在書架上，讓孩子能自然而然被這些書打動，進而引發他們主動把書拿下來翻閱的興致、逐漸養成喜愛看書的習慣。

將原本擺在客廳的兒童用品全部移到遊戲房，這樣所有家人就都能使用客廳。

Before

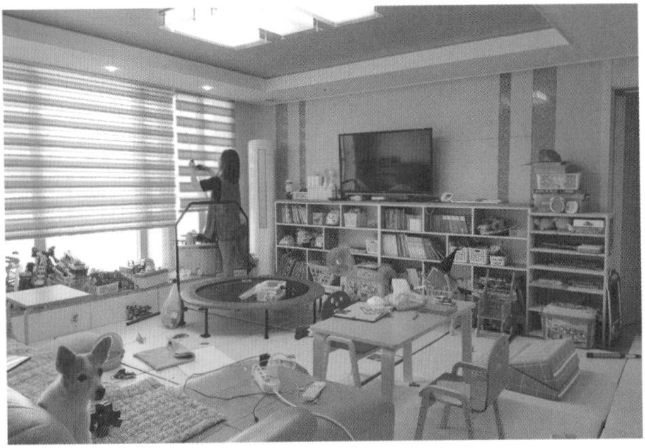

After

將原本散落在家中各處的玩具集中放在一個空間。
最重要的是要將小孩的遊戲空間和其他空間區隔開來。

我相信很多家庭都有這種情況：在一面牆上訂製巨大書櫃，上面擺滿書本，但小孩就是不會主動把書抽出來看。甚至，從上次搬家到下次搬家，這期間架上的書根本就從來都沒被動過。還有一種狀況，就是家裡擺書的地方小孩身高拿不到，所以除非父母幫忙，否則孩子根本無法拿書來看，就算想看也看不到——對孩子忽視到這種程度，做父母的是不是該反思一下了呢？

關於書籍的整理，我認為重點在於：別讓孩子把書櫃裡的書當成「家具」。意思就是不要因為把書排得太密、連一點縫隙也沒有，以至於讓孩子認為那是不能接近的家具；而是要讓孩子自己可以輕易拿取喜歡的書，並且把喜歡的玩具也陳列出來，增加書櫃的趣味性。換句話說，減少書本的數量，保留一些空間讓孩子使用很重要。因為在沒有書的書櫃裡，孩子會自己想出大人完全意想不到的奇妙方法來加以利用，而且也會因為認定那是自己的空間，所以很開心的用自己喜歡的方式來擺放鍾愛的的書本或玩具。

善用展示型書架，配合孩子的年齡與發展階段來選放書本，孩子就能自然而然對看書產生興趣。

Before

After

Life

培養孩子的「整理DNA」，其實沒有你想像中的難

「你家的小孩也懂得整理收納嗎？」

這是我去演講或見業主時經常被問到的問題。身為職業婦女，加上兩個孩子正在讀小學，所以大家都很好奇「妳怎麼教小孩整理的方法？」從結論來說，所謂「整理的DNA」確實存在，就像「料理的DNA」和「唸書的DNA」。有些小孩喜歡東西亂七八糟的，但也有些小孩就是無法忍受雜亂，每個人與生俱來的傾向都不同。

但從另一方面來說，環境的影響也不容忽視。就像在書香世家長大的孩子

會更親近書本、從小就常吃好菜的孩子也會比較懂吃是一樣的道理。

每個成員都要分配家事，兩個步驟讓孩子從小養成良好的整理習慣

然而有一件事很奇特，就是如果父母太會整理，有些小孩反而很不會收拾。那是因為對住家環境要求度高的人，通常都要整理得非常完美才會覺得舒服，所以基本上都是自己動手，不太會叫孩子去收房間——他們無法忍受小孩草率的整理，也無法等待小孩慢吞吞的收拾。而在這種父母膝下成長的孩子既然沒有動手的機會，當然長大之後也容易變成不懂整理的人。

整理的DNA確實不同於其他遺傳因子。在這一章，我將說明自己如何幫小孩養成整理的習慣。儘管這些方法並非唯一答案，但我確實看到一定成效，所以提供給大家參考。

養成整理習慣的第一步就是「收集」。舉例來說，我會讓小孩收集餐廳送的優惠券。這件事很簡單，就算年齡還小也能嘗試。因為大家一定都有經驗，優惠券如果到處亂放，最後往往在想到要用之前就已經找不到了，所以讓幼兒或國小低年級的學童來「收集優惠券」，不但會讓他們很感興趣，也可以趁機教他們將同類物品存放在一起的方法。

下一步則是「分類」——學會將同一空間中的品項加以分門別類其實很重要。我們常會發現，小孩的各種玩具通常都會混在一起，就算一開始放得很整齊，時間一久也會變亂。如果孩子很小，分類就不要太細，大約兩、三類就好。並且可以在玩具箱外面貼上「汽車」、「娃娃」、「樂器」之類的標籤。如果孩子還不會認字，就用顏色或圖案來標示。這樣做好分類，每當玩過之後，就可以把「整理」當成一種「遊戲」，讓孩子主動把玩具歸回原位。

除了少數特例，大部分家長都會認定自己的孩子不愛收拾、不會整理，但部分原因其實跟父母的處理方式有關，可能就是因為沒有為孩子弄出容易整理的環境，所以往往孩子在玩過之後也不知道要把玩具放在哪裡。因此，如果一開始就指定好各種東西該放的位置，養成「把積木放一起、樂器放一起、美術用具放一起」的習慣，就能幫助孩子成為一個懂得整理東西的人。

小孩的髒衣服也是父母們的代表性煩惱之一。因為很多孩子脫下衣服之後都不會主動放進洗衣籃，而是隨手丟在房間、掛得到處都是，讓爸媽望之興嘆。如果你家也是這樣，那麼，與其教訓孩子，不如把洗衣籃換個位置！由於大部分家庭都習慣把洗衣籃放在洗衣機附近，但是如果這樣卻無法讓家人順手把要換洗的髒衣服放進去，那就失去意義了。所以，請把洗衣籃移到小孩方便丟衣服的位置，例如浴室或是小孩房，都是不錯的選擇。東西應該放在方便使用的地方，而不是非要按照一般慣例放在什麼位置不可。尤其是跟小孩有關的東西更該如此，因為這樣做才有助於小孩培養出整理的習慣。

此外，想要讓孩子懂得整理，不能忘記的一個基本前提就是「每個家庭成員都要分配家事」。即便父母本身再會收拾，也應該要讓孩子從小就一起分擔家務，因為教育孩子懂得整理環境也是父母的職責。所以從小就要告訴孩子：即使是很小的事情，全家人也要一起分擔，不能只落在媽媽或爸爸頭上。

觀察孩子的偏好，讓孩子在學會收東西之外，還能主動走進書房唸書

當孩子稍大、已經是國高中生之後，比起單純的收納方法，父母更該擔心的是如何規劃孩子的唸書空間。如果想讓孩子天天都能主動走進書房唸書，首先要思考的就是：書房是否符合孩子唸書的偏好。

每個孩子唸書的偏好都不一樣。有些孩子喜歡在封閉的空間一個人安靜的唸書，也有些孩子喜歡在開闊的空間邊聽音樂邊讀書。

大家可能看過一些關於「如何打造能提高閱讀效率的書房」之類的文章，裡面會提到像是壁紙要某種顏色、燈光要達到多少照明度，甚至連溫度和濕度都有準則。但是在規劃孩子唸書的空間時，其實更重要的是孩子本身的喜好，而非空間的外在條件。尤其，最近孩子唸書的方式已經跟以前不一樣了，常常需要使用到筆電或平板之類的設備，也常常會碰到需要視訊上課的時候，而這些都跟父母讀書時期大不相同，所以不能單就過去的經驗來設想。

如果你的孩子喜歡一個人安靜唸書，那麼書桌最好盡量靠近門側的牆面，因為這樣就算開著門也不容易看見外面。但在年級往上升之後，隨著唸書時間變長，或許會覺得這樣的空間很悶，所以就可以把書桌從牆壁挪開、改放在房間正中央；或是另外準備一張輕便的書桌，當作唸書專用。因為相較於書桌靠牆，這種作法會減少鬱悶感，而且如果有家教老師陪讀，也會方便許多。

相反的，如果你家孩子喜歡在開闊空間唸書，比起單獨幫他規劃一間書房，不如在客廳擺放一張寬度較窄的長桌，這樣可以隨時跟爸媽一起唸書。當然，把書櫃放在一起也很好。尤其是當孩子找朋友一起來唸書的時候，這種空間也比較能靈活運用。

也常有人問我，小孩很小的時候就規劃書房不好嗎？我的觀察是，基本上，在孩子低年級以前，父母要照顧的部分還是比較多的，所以，比起陪孩子一起進書房，其實在客廳茶几或是餐桌上陪讀、做功課的情況佔了大多數。所以，所謂的書房，其實沒有那麼必要。但若建構了書房，也能在裡面陪著孩子一起唸書、寫作業，讓空間充分發揮功能，當然也沒有問題。

Life

一個人的家，更要從自己的生活出發！

隨著單身人口愈來愈多，獨居的情況也大為增加。儘管一提到獨居，大家就會優先想到大學生、年輕上班族常選擇的雅房、套房，但有愈來愈多的數據顯示，很多人就算自己一個人住，也希望空間寬敞一點。但令人意外的是，這些人明明自己住，東西也不多，但卻往往無法依照自己想要的方式來生活，這究竟是為什麼？在我看來，最關鍵的問題還是出在：無法打破對空間規劃的既定觀念，所以即便在使用上明明不方便，卻沒有意識到自己的不方便。那麼，獨占房子所有空間的獨居者究竟該怎麼規劃空間呢？

打破原有空間的利用模式，客廳可以不只是客廳，臥房可以不只是臥房

首先，要瞭解自己的生活模式。獨居者常常不會進臥室，大部分時間都待在客廳，所以日子久了，就跟住套房幾乎沒什麼兩樣。套房是因為空間狹窄，才不得不在同一塊區域解決生活上的各種大小事。但很多人住的房子明明具有分開的客廳與臥室，生活起來卻還是像住在套房一樣。也因此，如果你也習慣這樣生活，在規劃空間時就必須加以考量。

在清楚自己的生活特性之後，可以優先做的改變就是把床鋪移出房間。因為床鋪不是非得跟衣服一起放在房間不可。尤其是未婚的單身貴族大都衣服很多，所以如果把原來的臥室空間全部用來放置衣服，那麼，只要把房門關上，就變成專屬更衣室，不但乾淨俐落，衣物也不會沾上廚房食物的味道，在保存上也更加容易。

也正因為獨居，所以即使把客廳當成臥室來使用，也完全不會顯得奇怪。至於廚房，也是同樣的道理，因為廚房已經很狹小了，就不必一定要放餐桌，可以在客廳放一張小型和室桌，或是吧檯桌，對於獨居者來說，這樣就已經很夠用了。

如果你喜歡打電動或是經常需要使用電腦，也可以把它放在客廳。因為如果把電腦設備放在房間，就很有可能一整天都放著寬敞的客廳不用，只窩在狹小的房間。此外，如果有其他嗜好，也可以盡可能規劃在客廳進行。因為對於獨居者來說，能夠善用寬敞的「客廳」是最重要的。

別急著採購，想清楚真正的需求之後，往往改變原有家具的用法就能滿足

獨居者需要什麼家具？由於一個人住，所以需要的家具其實也有些不同。

打破「客廳一定要放沙發和電視」的刻板印象，
喜歡書的人大可以把客廳布置成大書房。

舉個代表性的例子，對獨居者來說，其實收納櫃比餐桌更重要。然而大家常常都會買餐桌，卻沒想過要選購廚房的收納櫃。事實上，就算自己住，微波爐、電鍋也是基本必須品，所以如果沒有地方可以放置這些器具，廚房很快就會顯得凌亂，因為大家都會把家電放在狹窄的餐桌或流理台上。也因此，我推薦獨居者的「必買家具單品」就是廚房收納櫃，而不是餐桌。更何況，一個人生活，其實也很少在餐桌吃飯。所以比起餐桌，可以放置微波爐、電鍋、咖啡機等家電的收納櫃更重要，還能兼顧收納米、麵、罐頭等食品，相當實用。如果還是想要餐桌，那麼，選擇一張折疊桌來取代也不失為一個好選擇。

另外，我也建議在玄關鞋櫃旁釘上小巧可愛的層架，用來擺放所需的物品。因為自己一個人住，所以如果在出門後才發現有東西忘了拿，也沒有人可以幫忙。所以為了便於在出門前檢查是否帶齊所需物品，可以將鑰匙、皮夾以及最近必備的口罩和酒精都放在玄關的層架上。同時，再順帶分享一個訣竅，那就是：在層架旁邊擺一個小籃子，裡面放乾淨的襪子。因為這樣當你走到玄關才決定選穿鞋子的同時，就可以立刻從籃子挑選適合的襪子來搭配。

曾經，我有一個剛要出社會的委託人，是自己獨居，他告訴我因為剛搬家，房間內只有一張床，所以有很多家具要買。但是當我拜訪他家、觀察他的生活模式後，發現他其實並不太需要買家具。因為我把他原本的床加以改造，做出三種家具——床頭板做成多功能的桌子、床下的收納櫃做成電視櫃、床墊則變身成沙發床。所以，最後只買了一張新床就完成了改造。

近年來，從大型家具到生活雜貨，幾乎所有東西都能在網路上買到。但是在盲目消費之前，其實我們可以先想想原有的物品是否可能「發揮不同的用途」，因為這樣既省錢，也更環保，而且當你真的不需要而必須丟棄這些東西的時候，也不會感到太心痛——這名委託人後來跟我說，他住在那裡三、四年之後，就搬到一個更好的地方，並且在搬家時丟掉所有舊家具，買了新家具。但也因為這些家具花了不少錢，所以之後每次搬家都要面臨如何通通帶走的問題——事實上，因為很多社會新鮮人都是自己租房子住，所以比起老是想要「買新的」，其實不如「好好活用現成手邊的東西」來得更實際，也更有意義。

右頁的床經過拆解，床頭板改成多功能桌（左下圖），抽屜櫃改成電視櫃，床墊則當成沙發（左上圖）。

Tip

舒適又優雅！營造美好客廳的6個技巧

區隔客廳的主光源和副光源

主光源選擇 LED 類的高亮度照明，副光源選擇自然光或黃光等柔和照明，便可依空間功能來營造不同氣氛。

在畸零空間利用隙縫櫃來收納

在床和牆面之間、洗衣機旁，或大型家具間的畸零空間放置隙縫櫃，這樣就能收納各種物品，十分好用。

善用平板拖把來清潔家具下方

打掃家具底下的時候，靜電拖把比吸塵器更好用。另外，市面上也有販售噴水型的平板拖把，只要夾上抹布便可濕拖。

選購可以水洗並方便收摺保存的地毯

地毯一定要能水洗才好清理，因為每天積累的灰塵汙垢比我們想像中多。同時也要確認不使用時可否捲起或摺疊保存。至於寵物專用的墊子，也要考慮是否容易清潔，最好也要確認有無吸音的功能。

以視線感受來決定懸掛時鐘、相框的最佳高度與位置

時鐘和相框最適合懸掛的高度是與房門上緣齊平，而且要掛在開門時可見的牆壁正中間，這樣會帶給人平穩安定的感受。若是沒有門的客廳，則適合掛在電燈開關上方，最好是配合視線的高度，不要掛得太高。

依照使用習性來決定選用窗簾或百葉窗

考慮要使用窗簾還是百葉窗時，應該先想想使用者是誰、何時使用、如何使用等問題。假如長時間在客廳睡覺或休息，就適合使用遮光效果較好的厚窗簾；相反的，如果經常在客廳讀書，就適合使用可以調節光線的百葉窗。

Part 2

吻合日常，才能展現風格

以生活為優先的家具擺設與物品收納

Life

你也嚮往「極簡生活」嗎？請注意，盲目追求「極簡」只會造成不便

為什麼電視、雜誌或網路上介紹的住宅都那麼完美？不僅有成套的家具，搭配協調的壁紙、天花板和地板，就連裝飾品也擺設得很漂亮。而且，跟一般住家最明顯的差異點就在於：這些房子的空間看起來都很寬敞，幾乎沒有亂七八糟的雜物。

事實上，我們的實際生活並不是這樣，因為一般人絕對沒辦法這樣過日子，更別說是有小孩的家庭了——下班後累得癱在沙發上，旁邊要有茶几，上面也要有遙控器才行；昨天看到一半的書就放在眼前，嘴饞時想吃的零食當然也要放在隨手就拿得到的地方——這才是日常，對吧？所以，所謂簡單生活、

所謂極簡主義固然都很不錯，但若不先評估自己的習慣，一味盲目按照「極簡生活」來進行裝修，那麼，反而會造成「不實用、不方便」的下場。

我們在上一個篇章談到「空間使用者」，而這一章則是要來探討「填滿空間的物品」。先前跟大家提到的重要觀念，在於「空間風格的規劃要配合『人』」，並且配合生活方式來使用空間」。那麼，空間中的另一個主角——擺設的物品——又該怎麼安排呢？關於物品，該打破的既定觀念也非常多。為了讓大家今後不用再忍受日常生活中的種種不便，所以我要來介紹人人都能輕易上手的整理訣竅，以及可以創造出優雅空間的家具擺設和物品收納法。

該丟還是不丟？

學會判斷「不必要」的意義，才能心無罣礙說再見

在前面的單元中，曾跟大家提到「果斷清理物品」的方法。但那些曾與我

們共度漫長時光的舊物，其實是值得我們感恩的，所以，跟它們說再見也需要禮貌。因為這些東西充滿珍貴的回憶，向它們道別，也代表我們在跟過去某個時間點的自己或家人道別。

說起「極簡生活」，大家都會想到：「全部丟掉再說！」不過，往往一不小心就會連需要的東西也丟了，結果還是要買新的來補，到頭來家裡還是一團亂。也因此，即使已經下定決心要改變人生觀、實行極簡主義，也不能不管三七二十一就把東西丟光光，而是應該尋求一個明智的方法。雖然有很多極簡主義者提出「超過兩年沒用過的東西就要丟」、「不會讓你怦然心動的東西就別再留」、「杯子和餐具只留家人的數量就夠」之類的建議，但我認為與其毫無彈性的盲從他人的理論原則，不如找出適合自己的方式更好。畢竟日子是自己在過，並不需要一把鼻涕一把眼淚的勉強自己去把根本不想丟的東西丟掉。

所以，正如前面所提過的，可以先把想整理的東西全部搬出來放在一起，並且加以分類——書本放一堆、衣物放一堆、餐具碗盤放一堆……，全部都要一目了然才行。先這樣全部攤出來瞭解整體狀況之後，很快就可以決定留存的優先順序，接下來要丟也就不難了。

我們常常之所以捨不得把東西丟掉，都是因為「以為那個東西家裡只有一個」。不過，有一點很重要，那就是：假設有十個相同的東西，但房子很大、放得下十個，那麼不丟也無妨。或是：儘管把十個東西都拿出來了，但經過再三考慮還是連一個都不想丟，那麼，就把這十個全都收納起來就好。畢竟那些對本人來說全都很珍貴，即使很久沒有拿出來看、即使一直沒有用到，但想要珍藏的東西還是要珍藏才行——意思就是「絕對不要為了丟而丟」。

清理東西的標準，應該以「人與空間」為優先考量。先瞭解自己擁有的東西有多少，然後再區分出能在有限空間中收納的東西和該丟的東西，這不就是將「生活」放在首位的極簡主義嗎？所以，並不是盲目丟掉很多東西、只留少數在身邊就好；而是應該減少不必要的東西，只以喜歡的物品為主來填充讓自己能感覺安穩舒適的空間，這才是比較人性的作法。

真正的極簡不是「通通丟掉」，而是出自於對自己生活需求的了解

如果不加分辨就丟東西，那麼，最後一定會後悔。然而，大家之所以會採用這種「不分青紅皂白」的方式跟舊物告別，主要還是因為不瞭解自己。如果對自己有充分認知，往往也會懂得配合生活習慣來收納和整理東西。換句話說，如果清楚知道對自己而言什麼最重要、自己喜歡什麼、自己現在的生活狀況需要什麼……，那麼，當然也就能夠妥當打理家中的物品。

舉例來說，房子二十坪和一百坪的家庭，並不需要因為家裡都是三個人就一樣只靠三個杯子過日子；相反的，就算一個人獨居，但若很喜歡邀朋友來家裡開派對，那麼，就不可能只靠一副餐具生活。也因此，如果某樣東西對自己來說真的很珍貴、很有意義，那麼，只要為它安排一個空間就行了，並不是非丟不可。

我曾接受這樣一個委託案：一位喜歡烘焙的家庭主婦，一開始是為了肝不好的先生和異位性皮膚炎嚴重的孩子而學著在家裡自製健康麵包；後來因為發現自己很有天分，便夢想著以此創業。然而，做過麵包的人都知道，烘焙用具只會越來越多；除了最基本的烤箱、攪拌機之外，還會隨著要做的麵包糕點不同而增加吐司模具、蛋糕模具、瑪芬模具、餅乾模具……。一旦用具增加，又不擅整理，最後家裡變得亂七八糟，也就導致家人不悅，甚至引發爭執。

後來，我為她整理出一個房間當成烘焙工作室，把原本散落在家中各處的烘焙用具全部集中，連同平時存放在倉庫、儲藏室的生活備品和廚房用品也都一併收納在那裡。如此一來，整個家變得寬敞整齊，自然也就減少了家人的不滿。而這位太太也以此為契機，鼓起勇氣準備開始她的烘焙事業——這不才是「極簡生活」的實質意義嗎？為了專注在自己喜歡的事情、實踐想過的人生，所以才要整理物品、創造空間。也因此，不要只求表面上的「極簡」，要能把「生活」融入其中，那才是真正的美好。

我為委託人清出一個獨立空間置放烘焙相關用具，讓她更能專注在「喜歡的事情」上，也讓整個家更清爽。

就算住在城市樓房中，也能在小小陽台栽花種樹，讓居家空間擁有綠意美景。

喜歡植物的話也是一樣，並不需要為了實踐「極簡」就硬是把好好的花盆丟掉。如果你住在公寓或大樓、能種花的地方不大，那麼除了把花盆放在客廳陽台，也可以先比較一下，看看房間陽台是否比客廳陽台稍微低一點，因為這種結構會讓澆水和打掃都比較方便，從花盆流來的水也比較容易排掉。所以，比起選擇客廳陽台，就不如把花盆放在房間陽台較為合宜。

當然，如果每天都很勤快打理、只要泥水一排出來就立刻擦乾、保持潔淨，這樣放在客廳陽台也無妨。要是平常都把花盆放在房間陽台，那麼，也可以偶爾挑一、兩種喜歡的漂亮植物，把花盆移出來放在顯眼的位置欣賞。

總之，放東西的地方是有彈性的，只要真心喜歡，一定可以找到「丟掉」之外的安置方式。

不是所有東西都要裝箱收納，換個方式就能解決空間不夠的問題

在實際拜訪許多委託人的住家之後，我發現最讓人感得可惜的就是：大部分人家中的擺設和裝潢都太習慣某個樣子了，完全沒有顧慮到居住者的偏好，即便曾經花大錢裝潢過，當初可能也只是機械式的把不知哪來的「漂亮房子」複製過來。殊不知，這樣生活久了，整個家就會變得雜亂和不便。

舉個例子來說，關於獎狀和獎牌之類的東西該怎麼保存呢？也許有人會放在氣派的展示櫃，但多數人大概都是「裝在盒子裡、疊放起來」吧？事實上，不管是什麼獎，都是過往人生的光榮紀錄，結果卻只能被堆在抽屜或儲藏室裡不見天日，那麼這些「獎」不就淪為「雜物」而不是「驕傲」了？

如果空間不夠，我的建議是把獎牌、獎狀都加以拍照保存，並不需要把實體放進展示櫃或特別去買什麼專用櫃來收藏。尤其若是數量很多、並非只有一

兩件的話，拍照之後，不但能夠以距離最近、也最簡單的方式把過去的精彩經歷拿出來欣賞，還可以做成相片冊、再放進書櫃典藏。

也許有人會認為：「再怎麼樣也不可以全部丟掉啊！」沒錯，把獎牌和獎狀丟掉不是一件容易的事，所以也可以選擇只丟外盒，然後把獎牌、獎盃依照大小陳列在玻璃櫃，這樣就既能達到展示與回憶的保存作用，也可以避免沾染灰塵。

原本找不到適合位置收納而像雜物被隨處亂放的獎牌、獎盃，在經過整理後，不僅便於保存典藏，也讓空間變得清爽。

Before

After

與其把獎牌、獎盃裝箱，不如拍照做成相片冊，會更容易被拿出來回味及欣賞。

當我錄製《新穎的整理》節目時，曾經拜訪過一位身兼演員和歌手身分的委託人住家。由於他的演藝生涯十分精采，不僅曾獲獎無數，而且還有很多值得留念的照片、禮物，所以他很苦惱，不知該怎麼整理。在為他設想改造居家的同時，由於顧及未來他可能還會有不斷新增的陳列物，所以我為這位創作型藝人設計了一處「祕密基地」——既不採用浮誇的收藏櫃，也不讓大量具有紀念性的物件占據整個家，而是把這些東西自由陳列在閣樓裡。而當他看到這個空間之後，不僅非常滿意這樣的整理方式，而且彷彿沉浸在自己過往的輝煌紀錄中，顯得百感交集。

同樣的，樂器也不必非要存放在盒子裡。因為樂器本身就是出色的裝飾品，而且放在容易看見的地方也比較讓人會想要經常演奏。所以，如果不是太昂貴又需要特別照顧的樂器，就不妨從盒子裡拿出來放在顯眼的地方展示——改變「東西一律要裝箱保存」的想法，讓自己擺脫既定觀念的束縛，才能找到真正適合自己的空間整理術。

就算空間再大，只要東西放得不對，也是枉然

關於空間與物件的整理，前面也曾提到過一個狀況，那就是：很多人都在忍受著生活的不便利，或是根本沒有意識到自己生活中的不便利。在我所接到的委託案中，就不乏這類例子。大家之所以會發生這種情況，常常都是因為搬家期間光是搬東西就忙到暈頭轉向，根本沒有心思好好整理，結果家具、衣物、日用品……就被擺在「不方便使用」的位置，直到搬家結束都沒有改變，甚至還被自己洗腦「原本就是這樣啊」，然後就以這樣的狀態繼續下去。事實上，儘管空間有限，但是只要稍微調整家具或物品的擺設，用起來就會變得很方便。

你家有左撇子嗎？

適度調整家具和物品的方向，就能用得順手

很多人家中都會在廚房流理台上放置餐具瀝水架，如果主要負責洗碗的人習慣用右手，那麼瀝水架就應該放在右邊，因為把碗盤沖洗乾淨之後，就可以順勢用右手把碗盤放上瀝水架。但如果在搬進這個地方時，瀝水架就被設置在左邊，那麼大部分人大概也不會想太多，就會繼續這樣使用——這就是「對自己的不便利沒有意識」。也因此，應該要考慮洗碗者的順手動線，把瀝水架移到右邊，這樣才符合人體工學。

衣櫃或吊衣桿上的衣架，也是同樣道理。右撇子通常都用右手拿衣架來掛衣服，那麼衣服的正面就會朝向左邊。但令人意外的是，很多人掛衣服的方向並不統一。如果方向左右交錯，衣服就容易互相擠壓、產生皺摺，而且出門急著找衣服穿的時候也不方便。其實只要讓掛衣服的方向、也就是衣架的方向統一，就會讓吊掛起來的衣服顯得整齊又好找了。

依照衣服的種類和季節來分區，並統一吊掛的方向，就不容易損傷衣料，也方便找到想穿的衣服。

小孩的書桌也是一樣。書桌上的筆筒和檯燈該怎麼放？如果孩子是右撇子，筆筒和書架就要放在右邊，檯燈則要放在左邊，因為不僅文具、書本容易拿取，而且閱讀、書寫時光源也不會被遮蔽，這樣唸起書來自然流暢。而且書桌底下如果有抽屜櫃，也應該放在右邊才對。尤其孩子愈小，愈不懂得自己調換物品位置，如果父母沒有細心觀察，就會讓孩子一直處在一開始就設置不良的狀態，造成使用上的不便利。

鞋櫃也是一個例子。只要感覺不好用，就不要繼續下去，應該加以調整。例如，很多人家中嵌入牆面的鞋櫃經常會設置傘架，但是因為實用性不高，所以都用不到。與其這樣，不如在鞋櫃外面擺個桶子放傘，並且把內部固定的雨傘架拆除、改放長靴之類的鞋子，這樣可能更為實用。此外，我也經常調換鞋櫃門的方向，來解決使用上的不便性。

最後再講一個比較「激進」的妙招，那就是「直接在家具上打洞」。由於書桌、餐桌或抽屜櫃之類的家具上面通常都會擺放好幾個家電，所以就必須連接多孔插座。但外露的電線總是顯得混亂，所以如果可以把電線藏在看不到的地方，那麼就會顯得清爽，對於有小小孩及寵物的家庭來說，也比較不會造成被觸摸、被啃咬的危險。所以，為了解決這類問題，我就會利用簡單工具在家具後面打洞，讓電線穿過之後再做整理，這樣既安全，也容易打掃。

我認為，整理物品固然重要，但更重要的是一開始就要考慮到如何規劃、如何使用。如果能這樣做，就算改變的只是小細節，也能大幅提升使用率與便利性。所以，請立刻檢查一下，看看你家有沒有用起來實在不方便的家具和物品吧！

整理房子之前，要先了解「人」，然後才有所謂「家的風格」

在我接受委託、首度拜訪業主家時，一定會優先檢視的空間就是玄關。因為在確認玄關狀態之後，就可以大致明白那一家人的偏好和生活模式。如果從入口處就顯得清爽雅致，那麼這個家裡肯定有擅長整理的成員。反之，也有人的家打從一推開大門就會看見堆積如山的購物紙箱，這樣自然不難推測這個屋子裡的東西肯定不少，而且整個家庭可能都屬於不太會整理的那種。

不過就算沒有親自上門拜訪，我也會運用其他方法去瞭解屋主的生活模式，以便掌握他的房子有什麼空間、什麼物件比較需要整理。而最常用的作法就是透過FB、IG等社群媒體，因為對方如果經常上傳穿著華服、配戴飾品的照片，那麼大概就會有很多衣服、鞋子、包包、珠寶之類的東西要整理；而如果對方經常上傳烹調料理、自製餐飲的分享照片，那麼可能廚具、餐具就會比較多，廚房也會比較需要花心思整理。

即便是為了錄製《新穎的整理》節目，我在前往特別來賓家裡為他們整理東西之前，也會先瞭解他們的年齡、偏好、家人關係，以及過去的採訪資料。因為房子就代表那個當事人，唯有準確掌握對方的喜好再來規劃空間，這樣才能獲得最好的結果。「先做功課認識案主」就是這麼的重要。因為要先瞭解「人」，然後才能決定整個家的風格與氛圍，進而提升對方的信任感與配合度，並讓一起整理的過程更加契合。

你家有什麼與眾不同的特徵嗎？例如：從牆上掛滿家族成員照片，可以看出這個家庭很重視與家人一起共度時光；而冰箱上又貼滿許多紀念磁鐵和旅遊照，所以會發現這家人喜歡旅遊，但可能不太花心思在居家裝潢上，因為他們會從外在活動或旅遊地點尋求更大的幸福。

而針對這樣的家庭，其實我會建議並不需要投資大筆金錢在住家上，但是最好準備一個空間來存放旅遊相關物品，因為這樣不僅容易拿取，也便於收納管理。同樣的道理，對於喜歡騎自行車、偏愛露營登山等興趣十分明確的人來說，在整理布置居家空間時，只要掌握這個重點，讓自己在從事該項活動時更能夠感到舒服愉快就好。

相反的，有些人家裡擁有大床、大型沙發，或是諸如吸塵器、咖啡機、運動器材等各種室內家具及家電用品，通常他們也都比較享受居家時光。而針對這種人，就應該更注意房子的動線，並且把物品擺放在最適合的位置，例如：更衣室要靠近浴室，餐桌要放在最常用餐處，容易忘記吃的維他命或健康食品也要跟熱水瓶或開飲機一樣放在順手的地方。

東西愈多，愈要加以整理，並且找出共同點並分類置放，才能讓所有物件展現各自的美麗。

Before

After

Before

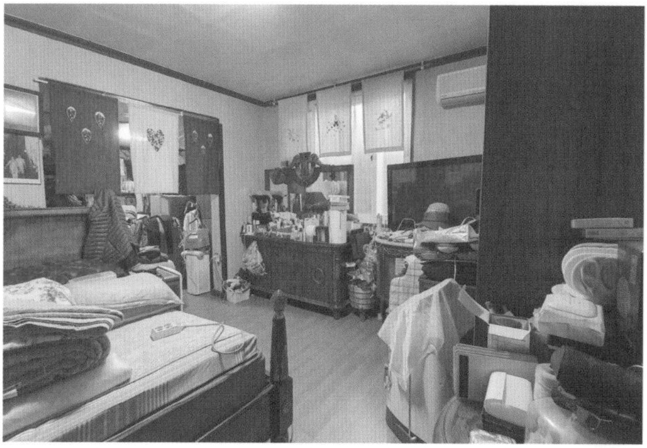

After

配合家具顏色簡化布藝裝飾的色彩，並且讓牆面適當留白，便能讓空間顯得開闊而雅致。

Life

想要達到布置效果，就要把各種家具、裝飾品分類置放，以便形成風格

各位聽過「美麗的廢物」這種說法嗎？指的就是看起來雖然美麗，但缺乏實用性、最終還是跟廢物沒兩樣的東西。像是去出國旅遊時覺得好看就買回來的和式燈罩、東南亞藤籃、歐洲裝飾瓷盤、鹿頭壁飾……等等，買的時候都因為覺得很喜歡，所以就不畏艱難的扛回來，但是真的擺進家裡之後卻又發現顯得格格不入，這究竟該怎麼辦？

我的客戶中有一對老夫妻，太太相當喜歡布置，家裡物品無一不美，從古董家具、衣服、餐具到生活雜貨，分開來看每一件都非常精巧，但數量卻已多到讓人詬病的程度，整個家也達到飽和狀態，因此所有房間都失去應有功能。

把重點家具放在牆面中央，讓兩側留白，這樣就能自然產生聚焦視線的作用。

這樣的房子當然應該接受改造，以便讓每件單品都能展現魅力。而且，雖然每項物件都獨具個性，但畢竟是同一個人買的，一定能找出共同點。所以我先依照相似的風格、顏色和材質將所有東西加以分類，接著定義出每個房間的功能，然後再把適合的家具與物品分批搬進去。光是這樣分類整理，整個房子就已經散發出歐洲宅邸的氛圍，並不太需要額外裝潢。而原本感覺缺乏一致性、只是占空間的各種家具和收藏品，也因此得以散發光彩。

相反的，有些人家中並沒有過多物件的問題，但是明明房子裡有風格明顯的重點家具（例如典雅的玄關桌或古董抽屜櫃等），但卻不知為何往往會被埋沒而無法發揮功能。而這類問題主要就是因為沒有把家具放在恰當的位置。因為像這種風格獨特的重點家具，一定要放在周圍沒有其他顯眼家具的空間，例如走廊盡頭，或是空曠牆面的正中央。如果有困難，也可以在家具上方設置一盞嵌燈來打光加以凸顯。

至於重點家具上面，也千萬不要放置雜物，因為一旦開始堆積東西，就很容易「一發不可收拾」，讓整件家具乃至於整個空間都失去原有價值。

指定「專區」，讓孩子的作品、獎狀、大型玩具除了保存還能觀賞

有小孩的房子總會特別難整理。因為不只是玩具、書本、美術用具，還有從學校帶回來的各種作品也是一大問題——那一件件用小手一點一點創作出來的作品，在爸爸媽媽眼中多麼漂亮、多麼珍貴！但是從幼兒園到小學，如果把所有孩子做過的東西都保存起來，又實在會佔據太多空間。到底該怎麼辦？

在從事居家空間規劃之前，我曾長期擔任幼兒園教師，而每當我看到自己孩子親手完成的作品，也都會不自覺露出微笑。但是我很清楚，過了一段時間之後，這些都會變成雜物。所以，我會向孩子建議不需要每個作品都保留，並且分配給每個孩子一個透明文件夾，讓他們只挑選最特別、最好的作品放進去保存起來就好。

當然，文件夾也不是一定只能一個。如果孩子很具美術天分，就可以保留

更多美術作品。例如著色的一本、摺紙的一本……加以分類保存。至於分配文件夾的標準，可以依學科來分，例如美術、音樂、作文等，也可以按孩子的年齡來劃分，例如小班、中班、大班等。只要符合孩子的愛好、並讓整理者容易區分就可以。

儘管「生活」要比「極簡」更優先，但是也不能為了珍藏而讓空間變得亂七八糟，因為這樣反倒會讓那些作品失去價值。

孩子還小的時候，我曾為他們單獨規劃一個專用畫廊。用「畫廊」二字會以為空間很大，但其實就只是一人一個小床頭櫃而已，這就是他們展示作品的地方。而且不只是作品，包括獎狀、獎盃、日記本……，只要是孩子感到自豪、想珍藏的東西，都可以集中放在這裡。雖然不大，卻會是孩子成長歷史的陳列空間。

在規劃這樣的空間之後，孩子會覺得那是屬於他的地方，會自己布置、自己整理。這也意味著孩子會自己選擇什麼該丟棄、什麼該保留，不會再因為

「媽媽沒有事先告知就丟掉」而傷心，也不會因為作品被不慎被手足弄壞而彼此爭吵。

另外，如果孩子很小，家裡就會有學步車、迷你汽車之類有輪子的玩具，甚至是嬰兒健力架、彈跳椅之類體積大又昂貴的東西。因為很難收納，所以如果隨便散落在家中各處，就會讓家裡變得雜亂無章。而解決這個問題的方法，就是規劃出「玩具專用停車場」。只要量好要收納物品尺寸，用彩色膠帶定好位置貼在地上，然後告訴孩子：「看！這裡是迷你汽車的停車場！」這樣孩子在玩過之後，就會自然而然把車子歸回原位。甚至還可以為每台汽車做一張號碼牌，讓孩子一邊玩、一邊學會看數字，再也不用擔心體積大的玩具到處亂放。所以，說穿了，這類物品的收納重點就是：「指定位置，並且固定收納在這個位置上。」因為這就是能讓空間維持清爽的訣竅！

Life

面對「留著無用、棄之可惜」的物件，其實有「更具價值」的處理方式

「沒想到我們家有麼多東西！」很多委託我規劃空間的客戶都會這樣說。因為經過整理之後才發現，許多東西雖然承載了珍貴的回憶，但卻不必要的囤積好幾個，甚至還會忘了家裡竟然有這種東西。

關於什麼該珍藏、什麼該丟棄、先決定保留的優先順序之後再好好清理……等觀念，已經在前面充分說明。然而實際要丟東西的時候，還是會覺得很難，其中一個原因就在於要丟的過程太複雜，讓人覺得麻煩，甚至像大型家具、地墊或運動器材之類的東西，還可能需要花錢請人運載，或是申請廢棄物回收。所以，那些「留之無用、棄之可惜」的東西究竟該如何處理才好呢？

在物資比較缺乏的年代，大家可能會選擇轉送親朋好友，不過現在要這麼做也並不容易。因為如果不是像兄弟姊妹那麼親密的人，難免往往有些擔心：「他是真的喜歡嗎？」「會不會覺得我把不要的東西丟給他？」「這不是新的，他會不會介意？」等到好不容易下定決心把東西送出去，還要跟對方約時間、碰面、之後請吃飯……事情實在不簡單。所以，如果有這種「我已經不需要、但別人可能很有用的東西」，究竟該怎麼辦？

以我自己為例，在改造空間時經常會有很多客人不要的書，但是因為覺得直接丟掉很可惜，所以我就在辦公室做了一個大型書櫃存放這些書；而任何來到我們辦公室的人如果有想要的書，只要捐三十韓元就可以帶走，然後我們再把這筆錢拿去做善事——我覺得用種方式去實踐一件有意義的事還蠻不錯的。

為了清出空間而丟棄無用的東西固然重要，但如果能夠捐給更適合的對象，那麼「丟棄」就變得更有價值了。所以，善加利用「二手商店」或「跳蚤市場APP」，也是不錯的方法。

如果覺得這些方法很困難，也可以把東西放到資源回收站，並且留張紙條，註明想拿走的人可以拿走，沒人要就丟棄，這樣還能用的東西往往很快就會被帶走了。曾有一個委託人原本經營花店，後來因為健康因素決定要把店收了。在整理店鋪時，她把難以處理的花盆和植物都送到資源回收站，結果一下就被搶光了。

其實，針對自己無法再利用的家具或物品，最好的處理方式就是妥善的「資源再生」。如果自己手藝很好又很有點子，那麼親手挑戰「改造」也很棒。例如，每當有材質很好的木頭家具要被丟棄時，我也會利用其中一部分來製作燭台、書架、檯燈等小物，加以廢物利用。

因老舊或毀損而無法使用的木材家具經過改造之後，變成燈飾或杯墊之類的小物；另外，原本顏色俗氣的塑膠桶重新上漆之後，也變身為質感單品。

檢視現在家中過剩的東西，將有助於你未來提醒自己別再衝動購買

為了避免製造日後要丟棄的物品，最好在一開始入手的時候就要謹慎。也因此，先弄清楚自己在買新東西時有著怎樣的過程，就是要省思的重點。我在改造空間時，總會觀察業主哪些品項丟得最多，並請對方回憶那些東西是當初是怎麼來的。

以我的經驗來說，雖然每個家庭多少有些差異，但丟得最多的排行榜冠軍絕對是塑膠容器類的廚房用品；第二名通常是書本；第三名則是衣物。為什麼會有那麼多塑膠容器？因為過去在百貨公司或電子產品專賣店購物，商家常都會採用塑膠類的廚房用品當作贈品，但是大家帶回家後其實都沒在用，又覺得那是新的捨不得丟掉，所以一囤積就十幾二十個。也因此，如果用不到，乾脆一開始就不要貪小便宜拿回家；萬一不得已拿了，也不要隨便丟掉，可以轉而拿來做為收納籃等用途。

還有另一點要注意，就是「大量購買」。常看電視購物的人往往會因為「買一送一」之類的組合商品而心動。例如：同款不同色的T恤五件組、保鮮盒二十件組、兒童讀物一百本全集……等等。可是，一次買五件T恤，難道會從禮拜一到禮拜五都只穿那款嗎？而且通常除了自己喜歡的那一兩個顏色，其他根本就都不會穿。所以，請避免「買一送一」，也務必過濾掉「以低價把好幾個東西綁在一起賣的組合」。順帶提醒，兒童讀物全集終究只是滿足媽媽的期望罷了，往往不是小孩真正需要的。尤其書本很重，在搬家或改造空間時都是最難整理的品項，而且書本也最容易囤積，如果不節制，要堆積如山也不過是一瞬間的事。

所以，無論購買什麼東西，請務必練習分辨究竟是出於「需要(needs)」還是出於「想要(wants)」。尤其是服裝，大家往往都不是因為「需要」才買，而是「想要」就買。所以明明已經有十幾條牛仔褲，卻還是一買再買。當然，如果對時尚很講究，或許會把不同款式、材質都買來穿。但如果不是出於這種理由，就要思考自己是否只是為了填補內心空虛而購買。如果發現真有這種傾向，請不妨嘗試練習減少衣物，改用更正面的方式來解決這種需求。

Life

具有紀念性的東西，到底該怎麼整理才好？

家裡雜物之所以堆積如山，是因為人與人之間關係緊密的生活在一起；我們跟他人相處，由此感受到幸福，所以也會希望留下回憶。至於具有代表性的「回憶產物」，則包括：信件、照片、飾品……等。然而，即使那個東西盛裝了珍貴回憶，假如沒有以「具有意義」的形態來保存，我們也無法好好回憶那些人、那些事。所以，我們該怎麼保存和照顧那些東西呢？

許多人無法輕易丟棄裝滿回憶的物品，是因為覺得那個東西獨一無二、一旦丟棄就永遠也找不回來。所以，不管是分手後無法輕易丟棄對方的東西，或是選擇全部打包立刻丟掉，其實都是出於同樣的原因，那就是：因為覺得那些東西就代表了那個人、那段時期。

我們並不需要把裝滿回憶的東西通通清理掉。不過，要留就要找出更好的方法，才能讓這些回憶能更有價值的存放。首先，請不妨先將這些東西區分為「使用」、「展示」、「保存」三種類型。

「使用」類的物品，是既承載過去回憶、也可以現在使用的東西，包括衣服、鞋子、飾品等。這類物品適合存放在日常生活空間，而且也要勤加使用。因為只要去用它，就會想起過往的回憶。不過，就算是能用的東西，如果當初購買時就想拿來收藏，那就應該將它分到「保存」而非「使用」的類別。

「展示」類的物品，是雖然無法使用、但可以加以陳列的東西，所以每次看到，都能讓人回憶起過去。例如裝在相框裡的照片、獎盃、公仔等。這類物品適合固定放在一個位置、集中在一個空間來存放。

「保存」類的用品，則適合分類後再收進箱子裡，例如：日記、很久以前用過的電子產品、論文、信件等。為了方便隨時查看，就必須整理得有條不紊，然後再放在儲物間裡。

經過整理之後，如果有些東西還是無法歸到這三種分類，那麼，其實丟棄也無妨。因為那個東西既不能使用、無法展示、也難以保存，或許就表示它所承載的回憶也不再具有價值了。而既然已經很難再回顧那段記憶，那就需要練習與它好好道別。

清理、收納、陳列、保存，讓捨不得丟的回憶成為繼續前進的動力

不久前，我在一位委託人的家中看見許多裝滿回憶的物品。包括她入學考試的准考證、大學時期的報告、學生手冊，甚至是社團活動穿過的滑雪服、退出社團時收到的卡片等。聽著她如數家珍，會覺得每件東西都有故事、每樣都很珍貴，因為我們也都有過那樣的故事。但是所謂「家」的空間是有限的，如果不斷堆積，一定很快就達到極限；更何況，在堆滿過去回憶的空間裡，也無法製造新的回憶。

所以，在整理這些物品時，第一步就是「清理」。如果不是無法割捨，就應該為了往後會有新回憶而下定決心清理掉。幸好這位委託人已經清掉很多東西，讓我整理起來輕鬆不少。接著，我規劃了收納空間，將她珍貴的物品都像「歷史博物館」一樣陳列出來；至於論文報告之類的文件，則是有條不紊的保存在文件夾裡。由於她告訴我每個東西都代表過去那段時期她的專注與努力，所以我在深受打動之餘，也將所有物件全都仔細保存起來。也正因為這類具有回憶的物品難以割捨，所以應該投注更多心思加以整理，這樣不但容易查找，看起來美觀，而且可以長久保存。

最後我想強調，承載回憶的物品只有在「可以回顧那段記憶」的情況下才有價值。所以這些回憶在哪裡展示？在哪裡保存？都要顧及「可以找出來回顧」才行。也正因為這些裝滿回憶的物品能帶給我們動力、讓我們繼續前進，所以才更需要好好留存。等到有一天需要道別時，也要能夠好好的跟它說再見。

Tip 乾爽又光亮！輕鬆清掃浴室的6個訣竅

難以觸及的地方可以用噴霧式浴室清潔劑

在手碰不到或刷子很難刷到的地方，可以先用噴霧式的浴室清潔劑噴灑，再以清水沖洗，這樣就可以清潔得很乾淨。

去除浴室水垢可以用潤絲精或砂糖

沒用完的潤絲精或護髮素不要丟掉，只要把它沾在刷子上刷洗浴室牆壁、馬桶座、水龍頭，不僅能去除水垢，還有一層保護膜的效果。此外，也可利用洗澡時同步進行清潔，因為水蒸氣有助軟化汙垢，讓去汙更加容易。另外，針對洗手台、洗臉槽，只要在容易產生水垢的地方撒上一撮砂糖，再搓一搓，等到砂糖顏色改變，就表示水垢也一起消除了。

消除排水口的臭味就用小蘇打粉加醋

將一杯小蘇打粉和一杯白醋倒在排水口，待約十分鐘後再倒入熱水，這樣不僅可以消除從排水口傳上來的臭味，還能除去蚊蚋的幼蟲。

清潔水龍頭可以用柑橘類水果皮

想讓水龍頭保持光亮，可以用橘子、柳橙、檸檬等具有酸性成分的水果果皮來擦拭。只要將這些水果的果皮切成薄片，再拿來直接擦拭水龍頭，不僅可以去除霉菌，還能輕鬆除鏽。

清除霉菌可以用消毒酒精和漂白水

想要清除浴室牆壁和地面上的霉菌，可以用噴上消毒酒精的碎布加以擦拭。而淋浴間拉門膠條上經常滿布的黑色霉菌因為菌根很深，所以要用漂白水來清理。只要先將廚房紙巾以漂白水噴溼，然後再緊貼在膠條上，靜待三、四個小時再將紙巾拿掉，就能輕鬆去除霉菌了。

吸除浴室濕氣可以用粗鹽

淋浴間或浴缸外的地面只要保持乾燥，就會讓整間浴室顯得清爽。由於粗鹽具有吸濕的作用，所以只要把粗鹽裝在小罐子，再放在浴室各個角落就能幫助除濕。

Part 3

從雜亂失序，到煥然一新

8個具有啟發性的「改造式整理」案例故事

Life

會有「整理房子」的念頭，其實隱藏著對於「改變生活」的期盼

從事這個工作以來，我真的看過許多人流淚的模樣。為什麼會在看到住家煥然一新之後哭出來呢？有人是因為覺得自己長期的鬱悶彷彿突然暢通；也有人是因為感到自己似乎可以展開新生；更有許多人是因為自責怎麼會讓曾經無比喜愛的東西蒙上厚厚灰塵、讓家裡變得那樣不堪，所以流下懺悔的眼淚。

也曾有不少委託人握著我的手激動表示，原本逃避回家、選擇在外遊蕩的孩子都回來了！全家人也因為重聚而再度享有溫馨親情——每天進進出出的「家」就是我們的人生。也因此，回到所謂的「家」，就該是一處能讓我們找到平靜、獲得安息的居所。

【案例1】

想要揮別沉重照護歲月、迎接人生下半場的花甲女士

曾有一位客人打電話給我，響沒兩聲就掛掉，過一會兒再打來，又是響沒兩聲就掛掉。這樣重複了十幾次，就算我接起電話，總是來不及說話就被切斷。於是我忍不住回撥並且問她：「請問是有什麼事情讓妳這麼困擾嗎？」

這時，她才終於小心翼翼的開口，告訴我自己家裡非常髒亂，甚至沒辦法確定是不是只要整理就能解決。所以，一想到要讓素昧平生的人看到這樣的家，她就覺得非常羞恥……。由於感受到她的深深苦惱，所以我花了不少時間與她溝通，並且讓她同意接受我到她家拜訪。

她是一位年近六十歲的女士，家裡有丈夫跟孩子；原本還有一個身障的弟弟也同住，但不久前過世了。過去因為不但忙於養育三個小孩，還要照護弟弟，所以根本沒有心思做好清潔打掃等瑣事，再加上經濟也不寬裕，所以不敢奢望要請人整理房子。一轉眼，孩子都已長大獨立，身障弟弟也離世了，不再背負照護重擔的她，這才在心中萌生「改變這個家」的念頭。

去過她家之後，我始終無法忘記她臉上疲憊的神情，並且決心幫她達成願望——我還記得，開始整理她家的第一天，我們足足讓一噸的卡車來來回回跑了十四趟，才把累積幾十年的雜物通通搬走。經過重新整頓之後，整個房子也變得煥然一新。當她回到這個截然不同的家，開心得就像是個孩子，並且不斷感謝我們讓她有了新生，甚至親手做飯給我們吃。而比起她端出的美味飯菜，更令我感動的是她那燦爛的笑容，因為那個畏畏縮縮、看起來精疲力竭到似乎隨時都會倒下的她，彷彿一掃所有陰霾、變得充滿活力，讓我大為驚訝。

很多人都想改變環境、讓過去告一段落，但往往出於害羞、沒信心，於是舉棋不定。其實整理房子就像減肥，曾經減成功的人，就算日後復胖，也會因為清楚瘦下來的感受，所以再次減肥成功的機率會比較高，也比較容易維持。也因此，即使現在家裡很亂、感覺得有點羞恥，但是只要下定決心好好清理，就算日後東西還是會增加、變亂，也會因為知道怎麼做，所以可以很快再讓房子乾淨起來。這是只有親身體驗過「良好狀態」的人才有可能做到的。

【案例2】因為罹癌衝擊，不想把「混亂的房子」留給孩子的中年媽媽

曾有位媽媽跟我聯絡，她說自己有三個孩子，其中兩個出國留學，就讀高中的老么則與她同住。不久前她被診斷出癌症，決定要動手術，但也因為擔心自己開刀之後不知道究竟還能活多久，於是決定不再忙於工作，而是要開始投入一些過去就一直很喜歡的嗜好。但也因為這樣，家裡就慢慢變亂，每次一想到又要重新整理，就覺得很煩。但她怕自己如果突然死了，孩子就要收拾這麼混亂的房子，於是，便鼓起勇氣來找我。

在整理她房子的過程中，我有許多感觸。因為說服一個準備面對自己人生結局的人把東西丟掉，並不是件容易的事。但幸好這位委託人已有心理準備，所以後來我們很順利的讓她把相當大量的物品都清掉了。

這個案子結束後，我還是會想起她，但要聯絡也有點為難，因為畢竟還是很怕聽到噩耗。沒想到一年後的某天，她竟然來訪，說自己手術很成功，而且最近打算搬到新家，希望我再幫次她規劃空間。

她也特別跟我聊到手術前整理東西時的心情，說她當時親手觸摸每一樣東西，然後才挑出該丟的，並且把留下的放到更適當的地方。而這件事帶給病中疲乏的她很大的力量。因為對她來說，那段時間並不只是單純的整理收納而已，而是將人生一路走來的全部歷程都攤開來回顧的過程，所以不但讓她不再憂鬱，也因此產生想要對抗病魔、重獲新生的決心。她說這番話時的樣子開朗得令人不敢置信，而事實上，那次改造也是至今讓我最有成就感的經驗。

人生無常，有時遭遇變故，就會讓原本平靜的生活大受影響。也許是離婚，也許是失業，也許是家中有人生病。但無論什麼原因，當突如其來的意外讓人受到打擊而偏離生活常軌時，在千頭萬緒之際，就會疏忽「整理房子」這件事。一旦放手不管，所有空間都會像連鎖效應一樣變得混亂；時間再一拉長，甚至就會無法恢復。而這種情況，任何人都可能經歷；就算是原本再怎麼重視環境、勤於打掃布置的人，也有可能因為遇上難關而變得邋遢落魄。

但是，只要改變「家」這個空間，就能改變許多事物，這一點我不只一次親眼目睹。所以，我們不能放任自己沉浸在憂鬱、疲憊、自我貶抑的世界裡。要告訴自己：別再對過去後悔、對未來不安，就專注的活在當下吧！並且看看四周，就從「改變空間」做起，你將重拾尊嚴、找回對生命的熱情！

把原本亂放亂堆的東西加以清理歸位之後，空間變得開闊舒暢，鬱悶的心也豁然開朗。

Before

After

Before

After

你相信這是同一個房間嗎？整理房子就是這麼神奇，所以千萬別放手不管，不然所有空間都會像連鎖效應一樣變得混亂。

Life

無意識「囤積」終將氾濫成災，別讓「捨不得丟東西」毀了家

長輩住的地方，多半雜物真的很多，有的甚至塞滿所有空間，感覺整個房子都要垮了。我想不僅是我，許多女兒在回娘家時可能都會說出這句話：

「媽，那個可以丟了吧！」

不過我們也知道說歸說，真的要讓他們丟東西實在很難，一不小心往往還可能引發大戰。因為長輩們成長在比較清苦的年代，所以他們一輩子都活在「惜物」的觀念裡，不習慣「把東西丟掉」。

然而，值得探討的是，有些人並不是真正愛惜東西，而是透過收藏和囤積來尋求內心安定。他們根本不知道怎麼保存東西，也不懂得丟掉不需要的雜物，而這種病態正是「強迫性囤積症」。一旦讓物品「喧賓奪主」，原本的主人反而淪為寄居籬下、在物品夾縫中求生存的可憐蟲，最後，連該有的正常生活都消失無蹤。

找到「放下執念」的開關，才能讓長輩「丟掉不需要的雜物」

為什麼老人家的房子會這樣堆滿雜物呢？最常見的共通點就是「無法丟棄子女從小到大用過、充滿回憶的物品」，從衣服、鞋帽、樂器、玩具，到照片、書本、獎狀、獎牌等，全都原封不動的珍藏著。甚至在有了第三代之後，就連孫子孫女來訪時所畫的圖都要一張張貼在牆壁上，而這樣的家庭還不在少數。

事實上，就算是很會清理、很愛乾淨的人，家裡的東西也會不斷新增，所以如果沒有養成定期清理的習慣，就會越堆越多。而有些人在買了東西之後，還會捨不得拆封，就直接收進櫃子裡，日子一長，根本就忘了自己買過這樣東西。事實上，新東西就應該趁它還是新的時候使用最好，因為一旦放久了，也就變成舊的了。

而在住家空間當中，最容易囤積大量不必要物件的地方就是「廚房」了，因為在操持家務的過程中，往往會覺得「這個以後應該會用到」，所以就越堆越多。儘管一個小家庭無法只憑兩個鍋子、三根湯匙度日，但也用不著十幾個鍋子吧？所以，究竟該怎麼說服已經有「囤積癖」的父母丟東西呢？我建議，可以從減少百分之三十左右的物件開始做起。舉例來說，如果家裡只有兩個人，卻有三十根湯匙，那就先丟十根，留下二十根，這樣就容易多了。因為一味勸他們大量丟掉，只會引起反感。甚至在被強迫丟棄之後，還會買回更多來彌補，這樣反而糟糕。

所以，不妨具體這樣試試：先把同類的東西全都找出來、集中放在一起，讓父母親眼確認——也就是前面提到的果斷清理法第一步「瞭解所擁有的物品」。在這個過程中，你會發現一件奇特的事，那就是老人家很擅長「把東西藏在空間細縫裡」。當把這些東西都拿出來攤在眼前之後，父母往往也會覺得很驚訝，甚至意識到「我真的很會囤積呀！」進而減少「不肯丟東西」的執念。相反的，假如沒有事先取得共識就通通拿去丟掉，那麼，他們的失落感和難受的心情可能超乎想像。

在我幫這類「老人住家」重新規劃並整理空間之後，經常收到客戶的反饋意見，告訴我他們的父母後來也主動丟了很多東西。而每每接到這樣的消息，都讓我覺得很欣慰，同時感受到那些老人家終於釋放了自己經年累月對於那些東西的執著。

【案例3】
面對患有「強迫性囤積症」的母親，想把家從「垃圾屋」救回來的兒子

接下來這個案例雖然有點極端，但卻讓我印象深刻，因為屋主是一位罹患「強迫性囤積症」的母親，跟我聯絡的則是她的兒子。在他入伍期間，由於乏人整理，家裡簡直變成「垃圾屋」，到處堆滿亂七八糟的東西。當我去到這個家，只見整個房子已經到了非常恐怖的地步，甚至瀰漫一股腐敗惡臭。然而，生活在其中的女主人卻彷彿渾然不覺，甚至滿臉笑容出來迎接我，讓我感到很心痛。

一開始，我真的不敢接這個案子。但是，在很為母親擔憂的兒子不斷請託之下，我還是硬著頭皮同意了。然而，這位母親竟然拒絕兒子的提議，覺得沒有必要改變空間。於是我故意激她說：「妳都不為兒子著想嗎？這種房子怎麼會有媳婦願意嫁進來？」就這樣，說服了她。

實際動工之後，更是讓人無比震驚，因為房子裡到處都是大量死老鼠，而且從地板到牆面全都得拆掉重做，幾乎是到達「重建」的等級。經過千辛萬苦、終於完成了這個屋子的改造，而從這位母親不斷環顧整個房子、大感驚艷的表情，我們可以感受到她覺得非常開心。

也許有人認為，這位母親將來一定還會再撿東西回來堆積，並且質疑：既然房子都會回復原狀，那何必花錢改造整理？但我認為案主的決心是不應該被忽視的，因為他們本來就是很難去整理東西、也很不會丟東西的人，既然好不容易鼓起勇氣想要改變，又怎麼可以否定？

正如前面所提過的，只要體驗過「良好狀態」，雖然日後也有可能回到以前那種混亂，但速度不但會減緩，而且要再重新把家打理乾淨也不至於太難。更何況，「勇於嘗試改變現狀」本身就是一件極具意義的事。

很多老人家不肯丟東西不是因為真的懂得惜物，而是從囤積中獲取安心。因此透過技巧性的溝通與導引，才能讓他們在「能接受」的心態下完成居家空間的整理與改造。

Before

After

Before

After

廚房最容易堆積大量雜物，所以必須先把東西全都拿出來、並將同類物品集中在一處親眼確認，這樣就能放下「不能丟」的執念，成功清掉不需要的東西。

Life

價格不等於價值，所謂的「好好整理」關鍵在於是否貼近人心及使用需求

很多人不太理解我所從事的工作，也有很多人會問我，幫人整理房子怎麼會變成一種專業？然而，實際上真的有太多人因為不懂「整理」而活得很累，再加上儘管時代不同了，但社會上仍然普遍認為「打掃房子是女人的事」，所以，我就這樣變成了「空間整理專家」。

【案例4】擔心「老公不肯花大錢」的妻子，以及決定「房屋大改造」的丈夫

我曾有個客戶，來接洽的是位家庭主婦，而且表示關於花錢請人整理房子這件事，她猶豫了好久。聽她這樣說，我猜她應該是認為丈夫會反對，所以我也很擔心要如何說服對方同意。後來實際拜訪她家，當她怯怯的表示「只要用最少的預算整理廚房就好」時，令人意外的是，坐在她身旁的丈夫竟然問我：「如果整個房子都整理的話要花多少錢？」

於是我趕緊檢視整間屋子，並且簡單說明進行改造時整體空間構造會如何改變，同時也向他表達，如果預算有限，先針對比較緊急的部分處理也不是不可行，但既然一個家裡的家具和物品都緊密相關，所以，只整理某塊地方和改造整個房子，結果當然也會不同。而在聽了我的解釋之後，他似乎很能理解，並且做出決定說：「花費多一點也沒關係，我們就整理整個房子吧！」

改造工程開始之後，從頭到尾這位丈夫都好奇的在現場觀看。等到整建結束，看著眼前大幅改變的家，感覺他比太太還要開心。雖然一開始他感受不到這件事的必要性，但他願意傾聽妻子的聲音，也真心想要瞭解，沒有抱持懷疑或輕視的態度，真是令人激賞。

藉由這個案例我也想分享一個觀念，那就是：「整理」絕不是一件容易的事，更不是只有女人才做的事。重要的是要親身去體驗空間改造所能形成的巨大變化。一旦打開「空間改造和整理」的大門，所有家人都能產生改變，進而共同努力，一起維持並擁有清爽的居家空間。

【案例5】家中滿是冰冷華麗家具，卻被一幢溫暖窗簾打動的豪宅主人

我發現，丟掉長期無法割捨的東西、改變大型家具或貴重物品的位置，往往能治癒人們的內心；相反的，也有許多人會因為一件小小的事物而獲得莫大的感動與鼓舞。雖然因為工作性質的關係，我總是在勸人清理和減少東西，但我也認為，好好的去收藏及保存自己很珍視、很喜歡的東西，是非常重要的。

不久前我拜訪過一個委託人，他很有錢，但在那個滿是華麗家具及高級精品的家中，感覺就是有些冰冷。我發現如果改變冷色調的窗簾應該會有所幫助，於是在施工時，去了附近賣場買了較為溫暖的窗簾回來掛上。雖然那並不昂貴，但卻在瞬間完全改變這個房子的氣氛。委託人回到家後也很驚訝，沒有想到只是換個窗簾，就讓家變得溫暖！所以，不是非要大幅變動、也不是一定要價格高昂，唯有瞭解居住者的真正需要，那麼就算是一個微小變化，也能大幅提升「家」的價值與意義。

只要用心觀察一個家的每個角落，就能讀出那個居住者的人生，包括他的嗜好、有什麼專長，也可以大致瞭解他所看重的事物。不久前，我錄電視節目時，曾送給委託人一個畫架，之所以會選擇這樣一件東西，正是因為透過改造我得知他過去的愛好，也希望他能重新找回對畫畫的熱情。而對方在看到改造後的房間裡有這樣一件禮物之後，不僅非常驚喜，也對這樣的貼心饋贈表示深受感動。

事實上，藉由仔細觀察對方的生活，甚至還會看見他所欠缺或深感空虛的原因。而那往往是本人也沒有察覺出來，或是因為無暇顧及而極力迴避的。也因此，身為「旁觀者」比本人更容易發現。對於曾經熱愛的嗜好，可能出於種種原因而長期停擺，所以光是想到可以重新開始，就足以讓人興奮不已。也因此，不要小看某件小東西或某個小空間，因為對於別人來說或許不算什麼，但對於某些人而言，卻是意義深遠。

在喜歡的空間做喜歡的事情，快樂會加倍，所以我放了一個畫架在喜愛繪畫的委託人房間。

假如你還不瞭解自己真正想要什麼、想做什麼，我建議可以嘗試送花給自己。因為即便只是一朵花，家裡的氣氛也會變得不一樣。在原本不起眼的家中，只要放上花，就會顯得生氣盎然。所以我在改造工程結束之後，往往也會送花給委託人。而很多人不僅會表達感謝，還會開心的告訴我自己很久沒有收過花了。

也有很多家庭為了求得財運，會在牆上掛一幅象徵富貴的牡丹花畫作。但比起以花為主題的藝術品，我覺得鮮花更具生氣。所以，在不同的季節裡，你不妨也可以挑選自己喜歡的花卉當作擺飾，無論是盆栽還是一束插花，都能為整頓後的家更添浪漫與活力。

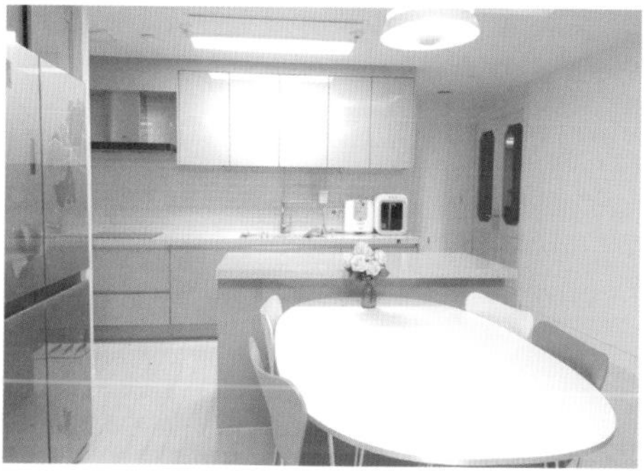

鮮花不僅美觀，還往往能製造亮點，讓人感到生機盎然。

Life

無關風水，「氣場好的房子」通常來自於住在裡面的人

我不是風水專家，更不是對「氣場」有特殊感應的人。但是因為去過的房子很多，所以我體會到一件事，那就是確實有所謂「氣場好的房子」。而這種讓人莫名覺得氣場很好的房子，不一定地段很棒或價格很高，但只要看到住在裡面的人，就會感覺很舒服，並且自然而覺得這個家庭一定很興旺。

【案例6】彼此關愛、相互理解，卻因為過於忙碌而讓家失去條理的演員夫妻

令我印象深刻的一位委託人，就是參與錄製《新穎的整理》節目的演員鄭殷杓。幾年前當他上「Star Junior Show」時孩子還很小，現在老大唸高中、老二讀國中、老三則是小學生。在前往他家進行拜訪後，我深深感覺：「這真是一個和睦的家庭啊！」並且可以實際感受到「家」這個空間對成員的影響力有多大。雖然他和太太不是很懂整理，但只要聽到他們夫妻對話，就會感受到他們彼此關愛、互相理解，而且發現就是因為忙於為家人打拼，所以他們才一再錯過整理房子的時機。

看到這家人，我找到一個答案，那就是——所謂氣場好的房子，最終是由居住其中的「人心」所形成的。當然，清掉該清掉的東西，讓空間利用變得更有價值，這樣的改變還是對的。因為唯有如此，他們的幸福才會倍增。

節目錄製完畢後，有一次我又遇到鄭先生，於是關心的問他住家經過改造之後是否有什麼不便之處，因為就算改造時已盡量配合委託人的生活模式，但還是難免會因為家中東西被移動而產生不習慣。而鄭先生竟然回答我：「找東西也挺有樂趣的，因為每天都覺得很刺激、很好玩，所以甚至還跟孩子玩起比賽找東西的遊戲！」而他的這番話，更讓我再次充分意識到：居住者的心情與態度，才是能讓居家空間與物件變得更有價值的關鍵。

也因此，我才會認為「氣場好的房子」是由住在其中的人所形成的，至於昂貴的裝飾品、高級的家具、寬敞的空間，都不過是附屬因素罷了。別忘了，能讓空間發揮空間作用的，永遠都是在裡面度過日常的人們。

Life

心隨境轉！經過徹底整理的空間具有奇妙的力量，甚至能讓人走出絕望

從事空間規劃的工作，讓我開啟了人生新頁。我不但明白什麼是自己真正想做的事、真正擅長的事，也因此找回熱情。而委託我進行空間改造的客戶，可能也是如此。有許多人在施工結束後會請我吃飯，因為畢竟這是一個要深入對方生活的工作，所以就算只有短短幾天，也能變得親近。也因此，「一起吃飯」就成為他們表達深切謝意的一種方式——不久前，我才因為一位委託人親手做的飯菜而感動落淚，而當他看到改造後的家時，也激動得大哭一場。那天，我們都給彼此一個很大的禮物。

【案例7】
打算自殺，但不想在死後讓大家看到「家裡髒亂」的社會菁英

「改造空間」有時會讓一個人的生活徹底改變，也有可能會讓另一個人重拾人生。曾有一個想結束自己生命的男士來委託我整理房子。他是人們口中的菁英份子，不僅長得好看，還擁有財富與名聲。就在跳樓前，他忽然想到自己如果就這樣跳下去，等到大家來到命案現場，就會看到他家雜亂不堪的樣子——比起死亡，他更不想讓別人看見這樣的家，所以他決定要等房子整理好之後再死，並且在「對空間規劃一無所知」的情況下就來找我。

一開始，當我去到他家，並不知道這個狀況，也不太理解他說「東西都不需要、通通丟掉」的意思。因為任誰來看，都會覺得那是一個好房子，裡面有很多昂貴的東西，照片裡的家人彼此看起來也都很和睦。所以，儘管亂七八糟的房子我看過不少，但完全沒有料想到眼前這個人竟然想要了結性命。

當他與我們的團隊在那個房子工作三天之後，我可以感受到出於某種原因，他的表情一天天有了改變。最後一天，當我正想進行最終風格塑造以結束這個整理改造案時，他臉上帶著好像下定什麼決心的表情，慢慢向我們走來，坦白說出自己想在房子整理好之後就自殺的念頭。並且說明，原本他之所以委託我們整理空間，是帶著整理遺物的心情，但在看到自己長久以來生活的空間竟然在短短三天之內就有了一百八十度的轉變，讓他在感觸良多之餘，也萌生想要重新過活的意志。除了深感羞愧，他也不斷表達對我們由衷的感謝。

我很意外這樣的人想要自殺。明明擁有一切、令人欣羨，為什麼會有那種念頭呢？我心裡有些難過，但也非常慶幸自己的工作能幫助一個人找回珍貴的生活。

Life

整理所帶來的正能量不僅改變一個家的使用者，也深深影響所有參與其中的人

【案例8】一家五口，必須擠在十八坪小房子共同生活的祖孫三代

當我越對自己的工作感到自豪，就越想幫助更多人。有一次，我遇見要在簡陋房子重新一起生活的一家人——那是一位六十多歲的母親、她的一兒一女，還有女兒的兩個孩子。這一家五口住在十八坪大的小房子，母親睡客廳，兒子住一間房，另外一間則是女兒和兩名外孫住。

跟我接洽的是住在外地的小女兒。她說原本哥哥姊姊都沒有與母親同住，但因為種種情況，所以現在都回到老家。這麼多人住在一起，不但東西多，環境也很亂。而小女兒的經濟狀況並不寬裕，僅僅能掏出的一百萬韓元（台幣不到三萬元）已經是全部的現金。然而她不斷懇切的說：「我知道這個錢遠遠不夠，但是我們全家現在都很沮喪，求妳幫幫我們的忙！」

就是因為這樣的心意令我感動，因此我把這個房子當成是我妹妹和媽媽的房子，並且號召十二名員工花了整整一天的時間為他們施工。而隨著工程的進行，整個房子也出現驚人的變化，讓這位老母親非常開心。

當我將改造後的房子照片傳給人在外地的小女兒，她不但欣喜落淚，而且不斷感謝我們的幫助，讓她的家人能展開新生。而事實上，像這樣不計付出、單純去做一件能帶給他人重大意義的事情，也讓我們員工之間產生更大的凝聚力，並且深深以自己所做的事情為傲。因為這樣的作為並不是金錢所能夠算計的，它的成果是「無價」。

在整理的過程中，我們不僅參與空間的改造，也看見自己的改變

透過「整理」改變空間，不僅讓委託者改變生活，往往就連受託的工作者也能從中體驗並學習到很多事情——

以下就是我們公司組長的親身經歷。

這位組長過去很內向，難以與人親近，所以一開始他也覺得接待委託人是很困難的事。但是藉由工作中持續與委託人見面、拜訪他們的房子、聆聽他們的故事、真心與他們交流，情況開始有所轉變。因為透過與不同的人見面、談話、整理他們的東西，不但讓他開始感受到這個工作的魅力，也讓他覺得生活變得更有趣；也因為在整理別人家的過程中看見他們人生變化的模樣，所以，連他自己也產生改變。

另外，我們公司的室長也有類似的狀況。由於她本來在出版社擔任編輯，將近二十年的時間裡，都是坐在書桌前費盡心血完成一本又一本的書籍，日復一日站在讀者的角度，進行著寫作、校稿、下標、設計版面……等沉穩而靜態的工作。而現在的她則是站在別人家裡，為居住者設想，就像做一本書似的，藉由家具的配置、物品的收納、風格的塑造來「編排」客戶的空間，把她在書桌前靜靜感受的欣慰與感動，在現場用活躍又生動的方式傳達給客戶——對她來說，這樣的轉變不但讓她有機會把嶄新的空間送給客戶，也把嶄新的人生送給自己。

工作中，我最重視的就是「委託人和受託者之間的交流與共鳴」。倘若委託人能信任受託的專家、坦誠以對，而受託者也能對委託人的故事感同身受、用心規劃，那麼空間改造的成果一定會是最棒的。因為藉由大量對話，會與對方產生奇妙聯繫，也才能真正找到居家整理改造的真正需要、共創價值。

透過適切的整理，就能打造出適合人居的純粹空間。

以人為本，打造「使用起來不會有任何不便，又容易整理的空間」是絕對可能的。

Part 4

動手打造「住起來優雅舒適的家」！

營造質感居家的具體步驟與整理要訣

Life

整理房子的順序：每次針對一個空間，而且要快速的整理

一旦下定決心要改造住家、讓每個空間都發揮它應有的功能，那麼，接下來該如何著手呢？其實第一次嘗試，每個人都會摸不著頭緒，甚至可能因為覺得自己好像都在白做工，所以就想要放棄。也因此，在這個篇章中，我將會仔細而具體的向大家說明整理房子的方式。

雖然不一定要先決定好所有順序或步驟，但我建議最好還是要先指定一個空間，並且就從那裡開始「集中且快速的」整理，這樣會比慢慢的這裡收一點、那裡收一點來得好。

舉例來說，如果想在客廳的一角做一個小書房，首先就要安排適合那個空間的家具，然後將散落在家裡各處的書籍都集中在一起，依照「需要」、「想要」、「整理」來分類，並將「需要」這個類別的書收進這個空間，這樣就會快速體驗到打理出一個理想書房的效果了。

雖然每天都整理一點點也可以，但是因為往往在過程中無法一次看見顯著的變化，所以只會覺得「很麻煩又沒什麼改變」，很快就會厭倦而放棄。

一旦感受到家裡的某個空間瞬間就整理好，那麼，剩下的空間要整理就容易了。最好的方法是一週一次，可以的話就選在週末、並讓全家人一起來參與改造空間。這樣大家能一起體會整理和改造所帶來的改變與驚喜，對所有家庭成員來說，都會是一個特別的體驗。而且如果能感受到清爽空間所帶來的幸福感，那麼以後大家也就不會再囤積一堆不必要的東西了。

如果平常很難做出大改變，那麼「搬家」就是最佳時機。因為不用特別重新規劃大型家具的位置，空間就能產生巨大的變化，讓人感覺容易得多。而且搬家也是清理物品的好時候，如果搬到新家之後，還是沿用之前的方式擺放各種東西，那就太可惜了。所以，在搬家之前，可以考量一下小孩成長的速度、房子坪數的改變、以前家具擺設的問題點……，然後找出更好的方式，以便搬家之後就能施行。

家具留著最後再丟！最該先清理的是被埋在櫥櫃裡的東西

通常提到「整理房子」、「簡單生活」，很多人都會先把舊家具丟掉，而這正是大家最常犯的錯誤。因為如果不管三七二十一就從家具開始丟，那麼原本裝在裡面的大量物品該何去何從呢？而無處可放的結果，就是通通散落在地上吧！到頭來，還是要購置類似的新家具才能解決這個問題。甚至，在買家具之前，還有人會去買相對便宜的收納盒或鐵架來置放，這樣一來，不就讓原本的物品又變多了？

所以，在房子進行大整理時，首先要從不需要的東西開始丟，等到該留的東西也全部整理完，這時如果確認有什麼家具再也用不到了，再把它丟棄。

其實，光是清掉沒在用的東西，房子就會變得清爽許多。因為之所以會覺得家裡變得越來越狹窄，大都是源於找不到適合的收納空間來放東西，以至於最後都只能外露在看得到的地方。而這種情況的發生，往往也顯示其實收納空間裡的東西已經有很多都該丟了——由於東西都堆在裡面，所以根本不知道它的存在。也因此，如果能夠把該丟的都處理掉，就能把露在外面的東西加以分類整理好、再全部收到裡面，這樣空間就會變得寬敞。

當然，生活中還是會不斷有新的物品產生，而最好的方法，就是每次都不拖延、持之以恆的進行整理。這樣如果經過三個月，還是有舊櫃子、舊書架之類的東西派不上用場，那麼就可以把這些大型家具丟掉。

Before

After

經過妥善的空間規劃與整理，老舊的櫃子也能展現出「既熟悉又新鮮」的不同魅力。

不要急著買收納盒！
保存物品的最佳容器其實就是原來的包裝盒

很多人在下定決心整理並在網路搜尋相關方法時，就會搜出各種收納盒、陳列架之類的東西。到底該不該在整理前先買收納用具呢？當然，往往當我們看到同樣規格花色的收納盒擺放在一起整齊劃一的樣子，很難不心動。但只要想到每個盒子還要一一做好品項標示再貼上去，多少還是會讓人覺得煩。其實有個方法，那就是採用原本的盒子，因為上面就有產品名稱，尺寸又已經是最適合的，所以只要把上蓋裁掉，就是絕佳的收納盒。尤其像是咖啡包、營養品、乳酸菌這類單獨條狀包裝的東西，根本不用倒出來放在別的容器，而且在全部用完之後，只要把盒子丟掉就清理完畢。

如果還是想要購買收納用具，我的建議是買尺寸夠大的實木收納櫃，並且要有適當分格，這樣就可以像收納盒一樣把東西分類收進去。這種實木收納櫃不但可以為空間營造溫暖氛圍，也能容納大量物品，兼具風格與實用性。

Life

為什麼家裡空間很大又沒什麼東西，但看起來還是很亂？

「我們家沒什麼家具，東西也不多，為什麼會這麼亂呢？」許多人都有這種疑問。也正因為雜物不多，所以不是光靠做好收納就能解決問題。若是覺得缺乏安穩感，甚至是覺得不舒服的話，那就要注意一下家具的擺設，因為可能是有某些地方該調整。

環視客廳一周，你有什麼感受？或許因為每天都看，所以不會有太大的感覺，但還是可以假裝「沒看過」，然後重新審視一遍。如果覺得有些雜亂，不妨就先檢視在空間設計上是否有「安全配色」。所謂「安全配色」這個詞主要使用在時尚領域，但在室內裝潢方面也很重要。這麼說並不是要大家去設定一個像是普羅旺斯風、北歐風、工業風……之類的風格，而是要先掌握房子的基本色彩，如果家具和物品都用採同一個色系，這樣空間看起來就會更寬敞。而檢查的重點是就要先瞭解壁紙、邊條、門板和家具的顏色是否諧調。

家具除了功能性，還要評估「位置、高度、顏色、材質和動線」

家具需要吻合空間機能，在配置時應該優先考量「位置」。開門後第一眼會看見的地方，比較適合放置高度較低、色彩明亮、材質溫暖的家具。舉例來說，如果把一個房間當成孩子的遊戲室，那麼開門後第一眼所及之處就可以擺放低矮的書櫃，至於較高的書櫃則放在對面，這樣即使空間原本較窄，也會顯得寬敞許多。

同樣的道理，無論書櫃、抽屜櫃，這種收納型的家具都要按照高度原則來評估擺放的位置。如果家裡低矮的家具很多，就把它們集中放在同一個空間，因為比起高矮不一的家具分散擺放，這樣在視覺上會顯得較為寬敞。

讓入口處保持開闊也很重要。踏進一個空間時，如果家具或雜物遮擋了視線，即使是同樣大小的空間，也會有種悶塞的感覺，整體看起來會很狹窄。所以，在一進門視線最先接觸的牆面擺放低矮的沙發，會比擺放書櫃更合適。

此外，有一個地方盡量不要擺放家具比較好，那就是客廳走道末端、房間之間的牆面。很多人家因為東西過多，往往連這個地方都會放家具。但這裡是一進家門正對玄關的地方，所以應該盡可能清空。如果這個空間比較寬闊，那麼放一件重點家具或掛一幅畫也無妨，並且要把家具放在牆面正中間，這樣就能營造出空間感，並形成聚焦作用，讓視線集中在這裡。

在確認家具的顏色、高度、位置之後，接著就要考慮家具的「材質」。一般來說，在住家和辦公室所使用的家具以木材或金屬居多。擺放時，最好把木質家具放一起、金屬家具放一起。此外，由於各種木材的顏色都不一樣，所以採用顏色近似的家具、維持一致性的色調最好。比起木質家具帶來溫暖安定的感受，金屬給人的感覺較為冰冷、現代。也因此，原木家具適合用在臥室、書房，而金屬家具則適合放在陽台、廚房。

最後要考慮「動線」。如果只著重讓家裡「看起來」寬敞、「看起來」清爽，那麼動線可能會變得不太方便。尤其有些長輩的家一住就是幾十年，更要仔細評估才行。因為把動線改得方便固然好，但若把長久以來慣用的家具擺設和動線改動得太大，那麼可能會因為不習慣反而造成困擾。所以，在考慮既有的動線及結構之後，只要做微調即可。

想要改變屋內的氣氛，就從選用對的布藝品與家具款式下手

改變家裡整體氣氛與風格的最佳方法，就是統一基本色系、配合重點色調。但是要一次改變全部家具的顏色並不容易。所以，不妨利用窗簾、抱枕、寢具這類較容易變動的布藝品，只要挑選適合的顏色、質料和圖案來營造統一感，就能大大改變整個家的氛圍。

在挑選家具時，也應考慮家人的年紀、性別和偏好。以我個人來說，比起

玻璃家具，我會比較喜歡木質。因為對於有小孩的家庭來說，畢竟還是會擔心玻璃櫃、玻璃桌一旦不慎碎裂就會很危險，也很怕精力旺盛的小孩容易撞到玻璃家具而受傷。此外，我也不太喜歡在書桌或餐桌上鋪一片玻璃，因為覺得肌膚碰到冰冷的玻璃會感到一陣涼意，總是不太舒服。

此外，北歐風的櫥櫃、抽屜櫃和玄關桌之類的家具最近很常見，但我建議不要買下面有腳的家具。因為那種家具看起來很漂亮，但其實收納空間很少，久了就會發現不敷使用。加上因為底座碰不到地板，不僅不夠穩固，而且容易積灰，打掃起來也不太方便。

小孩房主要會放置床、書桌、書櫃、椅子之類的家具，不過很常見的一個情況就是「太早購置不符合年齡的家具」，而書桌就是最具代表性的例子。很多父母會想買一張書桌給孩子當作上小學的禮物，但只要在網路上搜尋過「兒童書桌」就知道，大部分都是書桌和書櫃一體成形，而且價錢都不便宜。儘管年級越高就越需要這種形態的書桌，但其實從一年級就開始使用這種書桌的小孩少之又少。所以家裡的孩子如果還在低年級的階段，選購書桌和書櫃分離、窄長型的款式會更方便。

至於書桌擺放的位置，也會隨小孩年齡而有不同。大部分家長都會覺得要靠牆放，因為「大家都這樣擺」，但其實更好的方式是放在房間中央，或是跟書櫃連在一起放。因為小孩還不到要去K書中心那樣「面壁修行」專注唸書的時期，所以如果視線前方比較開闊，孩子也會感受到比較自由的氛圍，並且更常自發性的坐在書桌前——畢竟總要讓他們先願意坐下來，才會開始做功課或看書對吧！

也因為孩子每天都在成長，所以一年級生的房間和六年級生的房間不可能一模一樣。在低年級時期，爸爸媽媽經常要跟小孩並肩坐著、盯著他們的學習進度，所以不用硬是要孩子待在房間裡唸書、寫作業，反而可能比較常用到客廳的桌子或餐桌。也因此，大家在考慮空間規劃時就可以多斟酌，以便讓客廳成為家人共同學習和閱讀工作的良好環境。

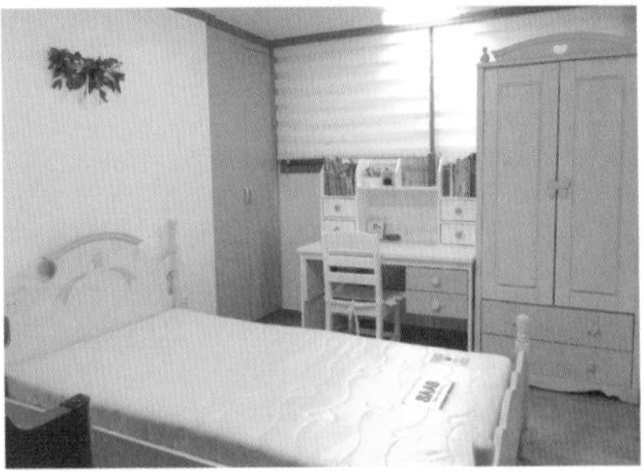

統一家具的色系，會讓整個空間
看起來更寬敞而有質感。

避免在房間入口擺放遮擋視線的物件，並把高度統一的家具靠邊放置，這樣就能打造出較有安定感的空間。

Before

After

Life

連隱藏空間也都能收拾得有條有理，才算整理到位

東西越小就越難整理，像是書櫃裡的書、冰箱裡的食物、抽屜裡的文具、衣櫃裡的飾品……，然而，就是必須要做到「連這種不太容易發現的地方也都整理好」，才能說空間真的煥然一新了。我這些年從事改造空間的工作以來，最常聽見委託人說的一句話就是：「哇！怎麼有辦法把每個角落都整理得那麼好？」

所以，接下來這個單元，我就針對家裡最難整理的兩個地方——書櫃和冰箱——來告訴大家如何把它們變得清爽乾淨的方法。

書籍要先分類再上架，並讓視線先觸及的櫃位留白、營造通暢感

每個人整理書籍的方式都不一樣，有人是按照領域來分，有人則是按照出版年份來分。如果書本真的很多，有些人還會按照出版社來整理（因為對愛書人來說，出版社也是相當重要的指標），或是依照作者姓名、書名的開頭字母來整理。也有些家庭會指定每個書櫃的「管理者」，把爸爸的書、媽媽的書、女兒的書、兒子的書都分開放，由書本的主人自己做分類。

如果沒有特別偏愛的分類標準，我會建議採用最一般的方法，那就是依照「領域」來分類。例如把小說放一起、把旅遊書放在一起、把工具書放一起，這樣不但一目了然，找起來也很有效率。

依照這個標準把書本分類之後，接著就要考慮怎麼放進書櫃裡。大部分人會把一整面牆的大書櫃都塞滿，而我則會選擇把視線最先接觸的地方空著——

一般成年男女的身高介於一百五十到一百七十五公分之間，所以只要把眼睛高度最先看見的部分空著就對了。

我很喜歡「3×5的書櫃」，也就是橫向三格、縱向五格的書櫃，很多人家也都有這樣的書櫃。由於共有十五格，所以依照前面說的，以成人眼睛的高度為準，就大概要空下中間兩格，不要放書，可以改放小花盆、擴香或相框。

這樣一來，就算上下都放滿了書，還是會有通暢的感覺——正是因為在視線最先接觸的地方特意留白，所以整體空間氛圍會變得明快，也比較沒有壓迫感。另外，書櫃下面比較適合放置各種文書、檔案、相簿之類較為沉重又大體積的文件資料，因為這些看起來比較雜亂的東西放在最下面就不會太過顯眼。

而在開始把書放進書櫃之前，要先大致抓一個書本的尺寸，然後把最大本的書放在下面，越往上就放越小本的書。要是家裡書本的大小都差不多，那就把封面顏色深的和較厚重的書放在下面，因為這樣會給人比較安穩的感受，也可以減少拿書時不慎掉落砸傷人的事情發生。依照大小和重量把書分好幾層之

視線最先接觸的部分與其放滿密密麻麻的書本，不如擺放相框、花盆或一些小物，做適當的留白。

後，接下來，放在同一層的書就可以按類別擺放。如果大部分都是同一領域的書、不用分類的話，就可以依照作者、出版社、年份來放，也可以把喜歡的作品獨立出來放在同一格裡。

我認識的一位設計師曾經用「書背的顏色」來分類，整個書櫃看起來就像是一個巨大的裝飾藝術品，相當美觀又令人印象深刻。一般家庭要照做可能有些困難，但還是可以採用「厚重顏色往下放」的原則，這樣也可以獲得某種程度的效果。如果書櫃太大，沒有那麼多要放的書，那就可以使用同樣尺寸的箱子放進要收納的物品，然後放在書櫃下方的格子裡，當成收納櫃來使用就好。

最後，書櫃所剩下的一些空間可以放置圓桶，用來保管捲起的海報等物品，這樣會顯得知性又時尚。此外，也可以活用有輪子的移動式整理「推車」。如果把廚房的六人餐桌移到客廳當成多功能桌，那麼推車就能充分發揮它的功能，可以用來收納簡單的文具用品、遙控器、小孩的學習卷等，一旦需要改變桌子的功能時，也不用再整理上面的東西了。

冰箱裡的食材要按照類別分層（格）存放，並先分裝，才會易找好用

如果有人想要打開你家的冰箱來看看，你會有什麼反應？是「太丟臉了，不行！」還是「自信滿滿、很想炫耀」呢？事實上，不管有多勤勞，要讓冰箱時時都維持在乾淨整齊的狀態是不容易的。在委託我做居家整理的客戶當中也有很多人會說：「讓人看冰箱最丟臉！」

因為冰箱的冷藏室裡難免都會有過期或壞掉的食物，而冷凍室更經常都呈現「好像要挖掘考古文物」的狀態，甚至還有兩三年前吃不完的年節食材——本該好好享用的東西放到最後卻落得要不斷丟棄的下場，真是讓人心痛。難道沒有什麼好方法嗎？

用冰箱保存食材，最重要的動作就是「分成小份」，尤其在放進冷凍室前，一定要先分裝。例如昆布、小魚乾、蝦米這類食材，採買時多半是大包

裝，每次做飯都要用手取出，但這樣接觸會讓食材容易壞掉。就算是乾燥狀態，但是因為常常反覆在室溫下解凍再結凍，所以也會導致食材變味，甚至造成食安疑慮。也因此，即便有點麻煩，還是要把食材依照單次用量裝進手掌大小的保鮮袋，然後再放進冷凍室。

需要冷藏的水果也一樣，為了避免互相碰撞，可以用塑膠袋分裝，一個袋子裝一兩個水果就好；如果量太大無法分裝，就改放在紙袋，因為放在沒有膠膜的紙袋，可以保鮮得更久。

此外，各種調味料和一次性醬料包（例如訂購披薩或炸雞這類外送食物時所附的醬料），因為都很小包，所以最好集中放在一個格子或容器裡保存，這樣比較容易看見，不僅不會忘記拿出來用，而且要確認是否過期時也比較方便一次檢視。

在把食材都分成小份之後，就可以正式開始整理冰箱了。第一個步驟就是「決定每一格要放的食材種類」。其實這會隨著每個家庭而有所不同，因為要看家裡什麼食材比較多，也要看家人最喜歡、最常吃什麼來決定，此外，還要考量主要使用者的身高。一般而言，果醬、調味料、零食類等體積小、重量輕的東西，適合放在冷藏室的最上層，下一層放小菜類，最下層則放醬料和泡菜類，因為這類食材體積大又比較重，也較不常取用。至於冰箱最下層的抽屜，則可以保存蔬菜和水果。

像這樣分層來保存不同類別的食材，在每次開冰箱時就可以很快找到想要的東西，減少讓冰箱的門被開啟的時間，同時也容易發現保存期限快到的食物以及最近較不常吃的食材。

同樣的，冷凍室也要分格指定各自要放的品項——把冰淇淋和海鮮混在一起，總是不太好吧？所以，冰淇淋等點心或冰塊應該放在最上面一格，次一格放冷凍米飯、冷凍食品，第三格放冷凍水果、海鮮乾貨、堅果類，最下面則放置肉類和海鮮。也因為取出冷凍食材時很容易掉落砸傷人，所以較重、較硬的東西要盡量保存在下層會比較好。

近來很多人使用四門冰箱，也有很多家庭除了一般冰箱之外，會再使用一個專門存放泡菜的冰箱，或是同時使用兩個冰箱。大家可以根據冰箱的尺寸、形態，還有自家人的喜好，選擇一個既衛生安全又最方便使用的方式。

另外，我也想推薦我在《新穎的整理》節目中所傳授過的冰箱整理訣竅：第一就是「縮減保存容器的體積」。例如：經常拿出來吃的小菜，就應該盡量裝在較小的保鮮盒裡；如果每個大保鮮盒都裝著一點點小菜，這樣就會占掉很多空間。同時，越是常吃的小菜，就越要放在眼睛高度的位置，這樣才容易取用，每次開冰箱也才方便確認剩餘量有多少。也因此，一旦掌握縮減保存容器體積的原則，冰箱就容易變得整齊又好用。

第二則是「製作冰箱的菜單」。意思是：事先寫好冰箱裡的食材能做哪些料理，然後貼在冰箱門上，以便家人一起瞭解，也讓需要盡快清掉的食材大量減少。但若覺得製作菜單不太容易，當然，也可以簡單註明冰箱裡面有哪些小菜、點心和食材就好，因為這樣就算不開冰箱翻找，也可以很快確定有沒有自己想要找的東西。而在製作菜單之後，只要用容易吸附在冰箱上的磁鐵來固定即可。

Life

乾淨清爽的浴室，讓整個家最私密的空間也散發質感

哪怕是再會打理家務的人，也會覺得維持浴室整潔是件困難又煩人的事。因為東西要能隨手拿來使用，所以收納很不容易；而且浴室裡經常會用到水，所以濕氣很重、容易發霉。究竟這麼難整理但又最需要保持衛生乾淨的衛浴空間該怎麼整理才好呢？

簡化擺放出來的衛浴用品，善用層架置放，讓不大的空間呈現簡潔氛圍

大部分人家裡的浴室都沒什麼收納空間，因此不要奢望浴室能存放什麼東西，最好只放每天要用的牙膏、牙刷、衛生紙，其餘的就全都收到儲藏室去。還有洗髮精、潤絲精這類髮品也一樣，如果習慣在購買時大量購入，就更不能放在浴室。

一般來說，馬桶上方的收納架最好只放女性用品或一兩包衛生紙，而洗臉台上方的櫃子可以放置牙膏、牙刷、肥皂和幾條毛巾，其他儲備的東西全都另外收納，不要露出比較好。如果能把多餘的備品都另外收納到儲藏室或收納箱裡，不僅浴室看起來不會雜亂，而且當東西用完時，也只要到集中收納的地方檢視就能確認剩餘數量，不必到處翻找。

另外，家庭號的洗髮精、沐浴乳等容量較大，因此也會有人去購買專門分

裝的空瓶。不過比起購買這種容器，我比較建議購買小容量的沐浴用品，等到用完之後，再繼續使用原有的瓶子來分裝，這樣比較不佔位子，也容易分辨內容物是什麼。至於贈送的試用品也要養成先使用的習慣，因為這種小包裝的產品通常效期較短，為了避免過期還是先用為佳。

大容量的沐浴用品往往久了就會膩，最後根本還沒用完就改用其他產品。但剩下來的備品直接丟掉實在很浪費，繼續囤著又占空間。所以，我建議大家可以把這類東西拿來刷洗浴室，即便是剩一小塊的肥皂、半瓶沐浴乳，都可以這樣處理。

必須特別提醒的一點是，不管是肥皂、沐浴乳、洗髮精、還是潤絲精，都切忌放在地上，也不要放在浴缸角落，因為這樣很容易積水垢，不但讓浴室很快變髒，而且每次打掃還要一個一個拿起來，真的很累。像這種一定會碰到水的東西，可以釘一個底部有洞的小層架來收納，如果不好釘層架，也可以改用底部有洞的浴室收納籃來放置。

至於洗澡時使用的沐浴刷、沐浴巾或打掃用的菜瓜布，在使用後也務必要掛起來才行。如果沒有掛起來晾乾，而是直接放著、一直維持潮濕的狀態，就容易長霉，變成各種細菌繁殖的溫床。其實只要利用洗衣夾或S形掛勾來吊掛就可以了。

如果是有小孩的家庭，浴室裡通常都會有洗澡玩具，也因為這些東西重量比較輕，所以收納在洗衣袋或網狀袋子裡會比放進籃子更好，因為不僅方便找，還可以吊掛起來晾乾，避免滋生細菌。

浴室用的清潔劑和馬桶刷可以收在馬桶後面的空間，盡量不要露出來。打掃用的刷子也不要直接放在地面上，可以收納在看不見的牆面，用小的掛勾吊起來晾乾，就會比較乾淨整潔。

利用水耕植物增添生氣，保持地板乾濕分離，營造浴室自然舒爽的清新感

很多人從來沒有想過要裝飾浴室，因為光是打掃就已經夠頭痛了！但我很建議在浴室裡放置水耕植物，因為它跟一般花草不同，不但不需要很多陽光，也不怕忘記澆水，真的很適合養在浴室。也因為性喜潮濕、只要把根浸在水裡就可以生長，所以水耕植物放在浴室可以長得很好，不但有助於營造綠化空間，還能淨化空氣。

包括袖珍椰子、黃金葛等都是具有代表性的水耕植物，但我覺得會開出素淨花朵的白鶴芋是最適合養在浴室的植物，因為它除了可以緩解潮濕，還具備超強的去除氨臭味能力。另外，喜歡生長在半陰且高溫潮濕環境的合果芋，也值得推薦。

不過，浴室最重要的還是除濕。大部分的浴室之所以讓人覺得不舒服，其

中一個原因就在於「潮濕」。近來新建的房子很多都會做「乾濕分離」的浴室；舊房子在重新裝潢時也常做這樣的改裝。因為只要讓淋浴間或浴缸以外的地面維持乾燥，就能營造出清爽又舒適的氛圍。

如果浴室裡沒有獨立的淋浴間，我的建議是加裝隔板；但如果有浴缸，則可以採用浴簾以便防止洗澡水被濺出來。而且，為了避免讓浴簾一直浸在水中，只要把長度剪到不會碰到浴缸底部的位置就可以解決了。

無論喜歡用淋浴間沖澡，還是喜歡用浴缸泡澡，每種浴室的優缺點各不相同，只要詳加考慮家人的生活習慣做出適當選擇，並且常保乾爽衛生，就能讓浴室變成潔淨身心的紓壓空間。

利用水耕植物來裝飾浴室，不僅可增添生氣，還能讓空氣清新。

PREMIUM PERFUME
DIFFUSER

Life

廚房整潔優雅，不僅做菜療癒，也是喝杯咖啡的好地方

咖啡廳似乎成為現代人生活中很常出現的場景，即使沒有跟人約見面，我們也常一個人去咖啡廳，或者看書，或者放空，或者滑手機⋯⋯。為什麼呢？其實這些事在家裡也能做，何必要去咖啡廳？我自己是因為想暫時切斷所有干擾，給自己一段在舒適空間裡放鬆休息的時光，以便讓自己能整理一下像壓力鍋般快炸開的思緒，讓自己把急促的生活步調平緩下來。哪怕只是短暫充電一下，都能再次湧出力量，讓混濁的內心恢復澄澈。

也因此，如果你家夠寬敞，我會建議將廚房一角布置得像咖啡廳，當成一個療癒空間。但要是廚房很小（事實上，二、三十坪的房子很難將廚房變成咖

啡廳），也無須勉強，只要做到很有效率的收納，讓空間變得時尚又清爽，也一樣能具有療癒的功效。

好用的廚房靠動線；乾淨的廚房靠收納

其實廚房的家具很難依照喜好任意更動，畢竟流理台、水槽、冰箱大都已經固定位置了，但即便如此，還是有幾個方法可以在不做大幅度變動的前提下打造出「高滿意度的廚房」。

第一，不管是什麼形態的廚房，最理想的動線都是「準備區、清洗區、切配區、烹飪區、備餐區」。這樣的動線是「從冰箱取出食材進行準備、清洗、切配、烹煮，再到最後擺盤」全都加以考慮的結果，如果能連家電配置和物品收納都詳加考量後才設計出最佳動線的話，那就更能大大提高做菜的效率。

第二，若是開放式廚房、與用餐處連成一氣，那就要注意讓餐桌放在燈具下面，因為在設計房子時，燈具的部分就已經考慮到動線和照明，所以設在最適當的位置。倘若採用的是長條形的燈具，那麼，餐桌最好也要讓長邊擺在同樣的方向。

第三，如果想要更動原本的位置，我建議是不要放餐桌，而是改用收納型家具，而且讓它跟流理台相連會更具使用效率。事實上，基於生活型態與用餐習慣的改變，現在也有愈來愈多的家庭不使用餐桌了。

至於冰箱，又該放在哪裡？近來很多住家的廚房都設有兩個冰箱的位置，但對獨居者或經常外食的家庭來說，其實並不需要用到兩台冰箱，就會空出一個位置。而那個空間最適合用來收納，所以可以安裝一扇門或是設置食物儲藏櫃，以便收放廚房器具、小型家電，以及茶、咖啡、罐頭等。只要善加活用這種零碎的空間加以收納，就能營造出清爽的咖啡廳氛圍。

另外，不少家庭都有食用健康食品的習慣，但卻常常把這些東西擺在客廳或臥室。其實這些東西放在廚房（或用餐區）會更方便，而且要放在顯眼的位置才不會容易忘記吃。我建議最好是放在熱水瓶旁邊，方便吃時順便喝水。還有，如果習慣一次購買大量健康食品，那就要把開封以外的其他數量都收到看不見的地方，已經打開的那罐就放在原本的產品盒裡，只要把上蓋去掉就好，這樣品名也一目了然。此外，最近很多長條狀的產品都已經做了切口，不過還是在產品旁邊放一支小剪刀比較好，這樣可以減少在服用時還要去拿剪刀的不便，甚至因為覺得麻煩就不吃。在照顧自己與家人健康上，這可以說是一個簡單的小技巧。

然而，東西過多的廚房就算已經善用收納空間，大型物品還是會露出在外面，讓整體視覺顯得雜亂。為了避免堆積過多物品，在購買廚房用具或家電時，我建議大家最好選擇單一功能且性能優異的產品，而不要選擇多功能的。因為多功能的產品通常不耐用，很容易故障，而且其實很多功能都不常使用。另外，也建議大家盡量不要購買「附有多個物件的組合產品」，請務必慎選一個真的需要的產品，這樣東西才用得久，廚房也才能維持清爽。

廚房收納真的很重要。如果收納櫃不夠或是拿取餐具很麻煩，就會讓使用者生活在困擾中。

優化空間，讓廚房變成咖啡廳的幾個好點子

已經整理到相當程度之後，就可以嘗試以下這些能讓廚房變得時尚的方法，包括設一盞立燈，或是在某一面牆漆上明亮的色彩，都能讓廚房的氣氛煥然一新。如果常在開放式廚房吃飯，那就不妨在牆上掛上美味的食物畫或原色圖像；如果常在這裡工作，那就掛上給人沉靜感受的景物畫，或是貼上具有安定感色彩的壁紙。

喜歡看書的人，甚至可以在餐廚區的一面牆放置書櫃——只要突破刻板印象，而且空間允許的話，沒有什麼是不可行的。不過，還是不能忘記這個空間是廚房兼餐廳，所以記得不要擺放過多書籍，只要放一些近期喜歡看的，或是對孩子學習有益的就好。一旦把書放進書櫃，整個空間就會呈現出猶如書香咖啡廳的氛圍，而坐在餐桌前也就彷彿置身咖啡桌旁了。

想像一下：空間裡縈繞著濃郁咖啡香、流淌著自己喜歡的音樂，再加上親手製作的餐點，這樣的家庭咖啡廳豈不令人心動？事實上，要打造這樣的空間並不難，也不需要很大的地方。以一般住家的結構來說，如果廚房流理台上下有收納櫃或是旁邊有空位可以當成收納空間，那麼只要將咖啡機、杯子、茶葉等相關用品放在這裡，就能變身成為動線完美的「迷你咖啡吧」。另外，我也推薦擺放不太佔據位子的「高腳椅」，這樣一來，不必出門就能在家享受專屬於你的療癒空間了！

最後，不能忘記廚房還有一個地方很重要，那就是「流理台」——這個用來切菜、洗碗的區域應該要很更明亮才對，但是上方的收納櫃往往會形成陰影或遮蔽光線，所以就會讓這裡顯得陰暗。如果你家也有這種情況，就務必安裝燈具才行，畢竟要在這裡備餐、清洗食材與餐具，當然光線要充足。所以，請務必確認家中流理台的照明亮度，因為就算只是微調燈具的亮度和顏色，也會讓氣氛變得截然不同。

在兼具用餐功能的開放式廚房裡掛幾幅畫、擺一些書，就能營造出令人心動的咖啡館氛圍。

Life

衣物的整理收納不妨參考時裝店，讓你家衣櫃好用又有時尚感

「怎麼我買再多都還是沒衣服穿！」每到換季，是不是都有這種煩惱？在我拜訪過的許多家庭中，每個人的衣櫃都彷彿是個「無底洞」。也因此，大家都說自己很需要「整理衣物」的幫手，一看到別人家有寬敞的更衣室，更是羨慕得不得了。

我想提醒的是，就算其他東西都丟掉，但若對衣物就是下不了手，那也沒有辦法做好「空間整理」。此外，之所以總是覺得「少一件衣服」，會不會就是因為沒有整理呢？如果你也屬於擁有很多衣物、鞋子、包包、飾品的人，那麼一定會需要接下來我所要介紹的整理方法！

更衣室除了依季節劃分衣物收納空間，也要按顏色吊掛才能一目了然

對於非常喜歡又重視衣服的人來說，家裡肯定要有更衣室才行。所以，首先就要規劃出更衣室的空間；然後，在進門第一眼看見的牆面設置有門片的衣櫃、在對面擺放系統層架，再在中間的牆面放置高度不會遮住窗戶的六格抽屜櫃。

這樣劃分收納空間之後，就可以將衣物按照季節分類。如果現在是夏天，就在系統層架掛上夏天的衣服，在衣櫃收納冬季衣物；相反的，如果現在是冬天，就在系統層架掛上冬天的衣服，在衣櫃收納夏季衣物。這樣做的好處就是方便找到想穿的衣服。

在將衣服依季節區分之後，接下來還要進一步依照用途、種類來區分，而且要盡量掛在衣架上來收納比較好，因為這樣看起來比較整齊，找起來也比較

容易。畢竟衣服也要一目了然才會常常拿出來穿，而且也才清楚自己到底有什麼衣服，避免重複購買。

不過，冬衣類的羽絨衣或毛呢大衣等外套因為體積很大，掛太多件就會覺得很亂，所以，可以把兩隻袖子都收進口袋裡固定，不要讓它晃動，這樣看起來就會整齊許多。

當然，也有衣物必須摺疊收納，像是內衣、襪子、毛衣、牛仔褲類等，都適合摺疊，然後放進中間的六格收納櫃即可。牛仔褲只摺一次再直放會讓空間更有效率。

像這樣依季節將衣服分成兩邊之後，就可以試著按「顏色」來分類，因為光是這樣做就能讓空間看起來更寬敞。這個訣竅雖然適用於所有空間，但是在整理衣物時尤為重要。我會建議將淺色輕薄的衣服和春夏衣物都掛在更衣室入口處，而且淺色掛在外面，越往裡面就掛越深色的衣服。這只要想像一下盒裝彩色蠟筆就不難理解，例如可以從白色開始，接著是黃色、綠色、紅色……，最後則以黑色衣服來結尾。這樣一來，整個空間就會顯得比較開闊。此外，如果家庭成員很多的話，除了依季節區分，也必須再進一步分出每個人的區域。

如果想把所有衣服都吊掛收納，衣架就顯得很重要。大衣或皮革外套要使用較粗、較堅固的衣架，這樣衣服的型才能維持；而一般的T恤則使用較細的衣架，則可以掛比較多件、比較省空間。另外，如果同一塊區域都使用相同設計的衣架，視覺上也會更乾淨俐落。只是很多人都是在開始整理衣服之前就先買好衣架，但我建議不要先買，最好是先整理到適當程度，再依照所需要的用量購入即可。

此外，跟衣服有關的器具都放在同一個空間會更方便使用，例如電子衣櫥、熨斗、除毛球機等。最後，針對尚未拆封的新品、想收藏的衣物，還有幾乎穿不到卻必須收起來的禮服等，則建議集中收納在抽屜櫃比較好。

順帶一提，我不太建議使用「壓縮袋」。因為衣物一旦被放進壓縮袋裡，就可能永遠都不會再拿出來穿。而且經過壓縮後體積雖然減少，但衣服的型卻容易被破壞，到頭來就變成佔地方的「廢物」。

一般來說，喜歡衣服的人也會有大量的配飾，需要其他的收納方法。例如帽子、包包、鞋子的收納重點，就在於避免擠壓變形。所以帽子收在抽屜櫃時要盡量撐起形狀；包包可以塞進適量的報紙避免變形，再用防塵袋包起來；鞋子在放進鞋櫃前也可以塞進外帶紙杯以維持形狀。至於腰帶、絲巾和圍巾，與其掛在門上垂著，不如捲起來再收納到盒子裡。

當然，要這樣收納就必須先有相當程度的空間才行。如果空間遠遠不夠擺放所擁有的衣物，那就得要調整衣物的數量，以配合現有空間的大小。

沒有更衣室，就更要好好利用衣櫃來存放整理衣物

你很想擁有自己的更衣室嗎？你是否曾經幻想要把它布置得跟熱門打卡名店那樣，然後在裡面盡情挑選自己想穿的衣服？……其實並不需要金碧輝煌，如果真的很喜歡衣服，那就不妨把家裡的衣櫃按照名牌店那樣布置——只要挑出未來一兩個月適合穿的衣服，再將上下身要穿的，連同外套、包包都配成套掛好，這樣不只是空間，連衣服的價值感也會一併提升，還可以減少每天出門煩惱要穿什麼的時間！

正因為環境不允許另做更衣室，所以更要好好利用衣櫃！這時無法像更衣室那樣整個房間只收納衣服，所以必須將現在穿不到的衣服收到別的空間去跟其他東西一起收納，所以比起讓衣服全都外露的吊衣桿，不如使用衣櫃或抽屜櫃，這樣會讓空間顯得更整齊。

鞋子可塞紙杯或紙板避免變形，圍巾、絲巾和腰帶可以捲起來，這樣收納會更好。

Before

After

衣櫃要盡量選擇頂到天花板的高度，抽屜櫃則要選擇深度較深的。畢竟收納就是要斤斤計較。通常主臥室都有廁所，所以衣櫃適合放在主臥室。當衣櫃不夠收納時，床下的空間也可以用來收納，或是採用有抽屜櫃的床座，也很適合。

由於衣服無法全部都吊掛收納，所以每次換季都要整理衣服。而為了讓這件工作變得輕鬆一點，最重要的就是要好好收納不穿的衣服。如前面提到的，比起壓縮袋，我更推薦看得見裡面的收納箱加上貼標籤的作法。只要這樣整理好，每當要換季的時候，就可以一眼看見要找的衣服放在哪個箱子，整理起來更有效率。

大家也會煩惱這些箱子該放在哪裡，考慮到使用空間的動線，我建議可以選擇整齊放在主臥室或倉庫的角落即可。

Tip

好找又不易損壞！收納心愛衣物的5個提醒

首先要分配衣櫃的空間

在更衣間進門第一眼看見的牆面設置有門的衣櫃，並在對面擺放系統層架。至於中間的牆面則可以放置高度不會遮住窗戶的六格抽屜櫃，用以收納內衣、襪子、毛衣和牛仔褲類。

一目了然的吊掛收納才方便找衣服

將衣物用衣架吊掛收納，看起來較為整齊，找起來也容易。所使用的衣架也要挑選設計相同的款式，這樣比較一致好看。但建議要等整理好「要丟」和「要留」的衣服之後，再根據所需數量購買衣架。

越往裡面就掛越深色的衣服

將淺色輕薄的衣服和春夏衣物都掛在更衣室入口處，整個空間就會顯得更開闊明亮。並將衣物按照顏色分類，從淺色到深色依次序掛好，這樣比較好看，也比較好找。

防蟲劑放上面，除濕劑放下面

衣櫃放了除濕劑之後，別忘記要定期更換。遇到梅雨季等濕度較高的時期，可以將更衣室的門關上，並使用除濕機除濕一次。許多家庭也會使用衣櫃專用的防蟲劑，請記得要將防蟲劑掛在衣櫃上方，除濕劑則要放在下面，這樣效果會更好。

鞋帽包包的收納要注意避免變形

帽子收在抽屜櫃時要避免擠壓；包包可以塞適量的報紙來維持形狀，然後用防塵袋包起來；鞋子在放進鞋櫃前也可以塞進紙杯以維持形狀，避免變形。

Tip

無毒又健康！維持廚房乾淨的6個方法

瓦斯爐和微波爐的無毒去汙法

在瓦斯爐撒上小蘇打粉，用噴瓶噴水打溼，靜置二十分鐘後再用菜瓜布擦拭，就能把頑固的汙漬都去除乾淨。微波爐也不能使用有毒清潔劑，建議使用醋來清潔。先在碗裡裝進熱水，混入半杯左右的白醋，再放進微波爐運轉三分鐘，就可以去除味道。開啟微波爐的門一段時間，待熱氣散掉後再擦拭內部，也能把頑固的汙漬輕鬆去除。

利用過期食用油來融化油垢

如果有過期要倒掉的食用油，可以拿來去除廚房抽油煙機的油垢！只要在油網淋上足夠的油，再用菜瓜布搓揉，就可以輕鬆融化去除油垢。

採用醋、木炭、咖啡渣來去除冰箱異味

將抹布用醋沾濕後再擦拭冰箱內部，可以去除果蠅和霉味。清潔後，再在冰箱裡放置木炭或咖啡渣（曬乾再使用尤佳），可以吸附異味。

讓水槽亮晶晶的祕訣就是牙膏

洗碗槽的水龍頭可以用牙刷沾一點牙膏，再加以輕刷。水槽部分也可以用牙膏擦拭，或用醋或檸檬酸以水稀釋後再拿來擦拭水槽，效果也很好。

健康食品和急救箱要放在觸手可及的地方

健康食品和維他命等放在熱水瓶或飲水機旁邊，就不容易忘記吃。此外，急救藥品要保存在沒有上蓋的盒子裡，並放在顯眼的地方，以便在危急時能快速找出來使用。

無論廚房是大是小，都要有理想的動線

理想的廚房動線依序是「準備區、清洗區、切配區、烹飪區、備餐區」。這樣的順序如果顛倒，做飯的過程就會產生不便，效率也會降低。

Life

【附錄】

空間最佳化！家的質感整理一定要有的9種單品

窗簾

如果覺得家裡氣氛很冰冷，可以考慮採用窗簾調和氛圍。基於灰塵、過敏、清洗麻煩等原因，有很多人會選擇百葉窗來取代窗簾，但其實窗簾是能夠改變整體空間氣氛的重要單品。

燈具

燈具可說是營造居家氣氛的最佳單品。但與其使用大型落地燈，不如採用放在哪裡都很合適的桌燈或壁燈；至於能夠照亮整個空間的LED

燈也很不錯。如果想要有溫暖舒適的感覺，可用自然光或黃光；想要有清新摩登的感覺，則可選擇白光。

電視櫃

想要有個整齊的客廳，電視櫃是不可或缺的家具。因為不管有沒有電視，客廳一定要有電視櫃才能收納各種物品，尤其對於長時間待在客廳的家庭來說更是實用。在網路或雜誌上刊登的漂亮房子之所以看起來很整齊乾淨，電視櫃往往是其中主因。此外，在選擇顏色或材質時，也需特別注意配合家裡的整體色調。

抽屜櫃

該摺疊收納的衣服與其放在藤編櫃、收納箱，不如放進標準的抽屜櫃。由於近來吊衣型式的更衣室越來越多，所以有許多家庭都沒有抽屜櫃。但我還是推薦使用非金屬或塑膠材質的實木抽屜櫃。最上面一層可以放化妝品和保養品，再放上一面鏡子就是一個實用的化妝台了。

畫架式電視落地架

在重新規劃家具時，往往最大的障礙就是電視，尤其壁掛式電視。這時，畫架式電視落地架就可以幫上忙。好處是移動方便，適合用在室內裝潢。而且有三腳或四腳等不同款式，可依喜好購買。

收納推車

這個單品具有很多功能，因為每一層可以分類放置不同物品，又有輪子方便移動。如果客廳有一張多功能桌，推車就可以收納文具用品、書本、小孩的學習卷、遙控器、濕紙巾等，讓桌面隨時保持乾淨。除了客廳以外，擺在其他空間則可以收納打掃用具、洗衣精和清潔劑等，或是用來擺放蔬果，是一個性價比很高的多功能單品。

吊掛式垃圾桶

這種垃圾桶可以掛在廚房的水槽或桌子邊，而且各種大小尺寸都有。平常可疊收起來，要使用時再展開，也不用擔心發出臭味。在廚房煮飯時，不用移動就可以隨手將垃圾丟進去，相當方便。此外，也可以掛在浴室或化妝台使用。

束線帶／S型掛勾

浴室或後陽台這種會用到水的地方，很適合用束線帶來吊掛東西，並可搭配S型掛勾來使用。

無痕掛勾

這種掛勾只要簡單黏貼在牆面之後，就可以掛上相框或時鐘，最適合用在不能使用釘子的地方。若黏貼在玄關附近，就能用來掛口罩或鑰匙。一般來說白色最常見，最近也有木頭色的產品，購買時只要挑選適合牆壁油漆或住家氣氛的顏色即可。

Life

【感謝的話】

「享受現在！」

——每個週日早晨叫醒貪睡的女兒們、帶大家去野外欣賞千變萬化的山嶺田野、感受水流脈動、嗅聞大自然氣味的父親。

「永遠要堂堂正正！」

——告訴我勇氣比外貌、學歷和財富更重要，多麼瑣碎的小事也不吝稱讚的母親。

「你想唸研究所？你想上首爾開拓事業？我們媳婦想做什麼就去做吧！」

——成為我最強輔助的婆婆。

「別擔心！你做得到的，要是不行就回來，有我在，有什麼好擔心的！」
——成為我堅強後盾的丈夫。

「看到媽媽開心，我們也開心。有一點點不開心就回來喔，知道嗎？」
「我在電視上看到媽媽笑的時候有雙下巴喔！看來媽媽之後要注意了。」
「我也要像媽媽一樣做自己想做的事情，帶給別人笑容。」
——毫無保留支持我的孩子們。

「老闆，大邱這邊你不用擔心，上首爾去吧！我會帶著像親姊姊一樣的心情為客戶打造最棒的居住空間。」
——待我如親姊的權恩希室長和大邱的職員們。

「謝謝你給我們機會，讓我們能自由做出夢想的改造計畫。」
「請注意健康，稍作休息再回來。老闆要健康，我們才能一直開心做我們喜歡的事情呀！」
——讓我在陌生的首爾土地不至於感到孤單的尹承熙室長和職員們。

「辛愛羅小姐，我準備好久的書終於要完成了，您能幫我寫推薦文嗎？」
「好啊！你叫我姊姊就好了嘛！」
——擅於持家、心地善良又美麗的辛愛羅姊姊。

我由衷感謝以上所有人。

我之所以能為你整理你的人生，原動力永遠都來自我的家人。
再次真心感謝我的家人。

台灣廣廈國際出版集團
Taiwan Mansion International Group

國家圖書館出版品預行編目（CIP）資料

空間最佳化！家的質感整理：第一本從「生活型態」出發的簡單收納術，兼顧居住便利與風格質感，打造「想住一輩子」的家！/李知烘作；李潔茹譯. -- [新北市]：臺灣廣廈有聲圖書有限公司，2021.11
面； 公分
ISBN 978-986-130-509-7（平裝）
1.家庭佈置 2.空間設計 3.室內設計

422.5 110014936

台灣廣廈

空間最佳化！家的質感整理

第一本從「生活型態」出發的簡單收納術，兼顧居住便利與風格質感，打造「想住一輩子」的家！

作　　者／李知烘
翻　　譯／李潔茹

編輯中心編輯長／張秀環・**編輯**／黃雅鈴
封面設計／張家綺・**內頁設計**／何欣穎
內頁排版／菩薩蠻數位文化有限公司
製版・印刷・裝訂／東豪・承傑・秉成

行企研發中心總監／陳冠蒨
媒體公關組／陳柔彣
綜合業務組／何欣穎

發 行 人／江媛珍
法律顧問／第一國際法律事務所 余淑杏律師・北辰著作權事務所 蕭雄淋律師
出　　版／台灣廣廈
發　　行／台灣廣廈有聲圖書有限公司
地址：新北市235中和區中山路二段359巷7號2樓
電話：（886）2-2225-5777・傳真：（886）2-2225-8052

代理印務・全球總經銷／知遠文化事業有限公司
地址：新北市222深坑區北深路三段155巷25號5樓
電話：（886）2-2664-8800・傳真：（886）2-2664-8801
郵政劃撥／劃撥帳號：18836722
劃撥戶名：知遠文化事業有限公司（※單次購書金額未滿1000元需另付郵資70元。）

■出版日期：2021年11月
ISBN：978-986-130-509-7